FORSCHUNGSBERICHTE
DES WIRTSCHAFTS- UND VERKEHRSMINISTERIUMS
NORDRHEIN-WESTFALEN

Herausgegeben von Staatssekretär Prof. Leo Brandt

Nr. 233

Dr. phil. nat. H. Haase

Infrarot-Bibliographie

Als Manuskript gedruckt

Springer Fachmedien Wiesbaden GmbH

1956

ISBN 978-3-663-20140-3 ISBN 978-3-663-20502-9 (eBook)
DOI 10.1007/978-3-663-20502-9

G l i e d e r u n g

Vorwort

Das Gebiet der infraroten Wellen hat in den letzten Jahren ständig zunehmendes Interesse gefunden. Die vielseitige Verwendbarkeit dieses Spektralbereiches führte zu starker Spezialisierung. Die Veröffentlichungen über dieses Gebiet sind über eine große Zahl der verschiedensten Zeitschriften des In- und Auslandes verstreut. Die Quellensuche ist daher überaus schwierig.

Das Fehlen einer Bibliographie über das Gesamtgebiet wurde als erheblicher Mangel empfunden. Auf Empfehlung von Herrn Professor Dr.Dr.med.h.c. A. ESAU ermöglichte die Arbeitsgemeinschaft für Forschung des Landes Nordrhein-Westfalen die Weiterführung einer privat begonnenen Literatursammlung. Das erste Ergebnis dieser Arbeit liegt hiermit vor.

Die verschiedenen Arbeitsgebiete des Infrarot-Bereiches haben nur wenig Berührung untereinander. Zur Erleichterung der Suche nach den jeweils interessierenden Quellen wurde daher eine Aufteilung in Sachgebiete vorgenommen.

Jedes Sachgebiet wurde für sich nach Verfassern geordnet. Jede Arbeit ist mit ihrem vollem Titel und den übrigen bibliographischen Daten aufgeführt. Stichwortartige Inhaltsangaben ergänzen die bibliographischen Daten, soweit der Inhalt bekannt war und dieser aus dem Titel nicht bereits genügend klar hervorgeht. Diese Angaben sollen lediglich der leichteren Orientierung dienen und stellen in keiner Beziehung eine Bewertung dar.

Dem Aufwand für die Quellensuche waren Grenzen gesetzt. Die erreichbaren Unterlagen wurden systematisch durchforscht. Die Arbeit wurde dadurch erschwert, daß zahlreiche Zitate nur sehr unvollständig waren. Bei der Vielzahl der Zeitschriften, in denen Veröffentlichungen über eines der Sachgebiete erscheinen können, ist eine vollständige Erfassung aller Quellen auch bei größtem Aufwand nicht zu erwarten. Bewußt verzichtet wurde auf die Aufnahme der Arbeiten über das umfangreiche und selbständige Spezialgebiet der Spektroskopie. Hierüber sind bereits Bibliographien vorhanden.

Die benachbarten Frequenzgebiete wurden mit aufgeführt aber nur soweit erfaßt, als ein gewisser Zusammenhang mit dem Infrarot-Gebiet besteht, und die Quellen bei der Suche nach Arbeiten auf dem Infrarot-Gebiet gefunden wurden.

Unter den aufgeführten Arbeiten sind auch Bücher mit teilweise umfangreichem Quellennachweis enthalten. Im Sachgebiet VII - Photozellen, Photographie, Bildwandler - wurde darauf verzichtet, sämtliche Quellen aufzuführen und stattdessen auf das Literaturverzeichnis mit 992 Quellen im "CLARK, Photography by Infrared" hingewiesen.

Die Literatursammlung wurde mit dem 31.3.1954 abgeschlossen und soll weitergeführt werden. Im Interesse einer möglichst vollständigen Erfassung aller Quellen werden die Benutzer der Bibliographie gebeten, ihnen bekannte noch nicht aufgeführte Arbeiten dem Herausgeber mit möglichst genauen Angaben mitzuteilen.

Dr.phil.nat. Heinz HAASE, Hamburg

I. Allgemeines über das Gesamtgebiet

Afamassjewna und M. Lewitskaja	Infrarote Strahlen. Moskau-Leningrad 1935 Fachbuch
Brügel, W.	Physik und Technik der Ultrarotstrahlung. Vincentz Verlag, Hannover, 1951, 25o S.
Czerny, M. und H. Röder	Fortschritte auf dem Gebiet der Ultrarottechnik. Erg.exakt.Naturw. 17 (1938) S. 7o-1o7
Lecomte, J.	Le Rayonnement Infrarouge. Gauthier-Villars, Paris, 1948 Fachbuch
Matossi, F.	Ergebnisse der Ultrarot-Forschung. Erg.exakt.Naturw. 17 (1938) S. 1o8-161
Schaefer, Cl. und F. Matossi	Das ultrarote Spektrum. Springer Verlag, Berlin, 193o, 4oo S., 161 Abb., 63 Tab. Lehrbuch
Saidman, J.	Les sources de rayons Infra-Rouges, leur utilisation en pratique journaliére. G. Doin & Cie., Paris, 1941, 25o S. Med.Lehrbuch

II. Strahlungsquellen

Beese, N.C. Cesium Vapor Lamps. Journ.Opt.Soc.Am. 36 (1946) S. 555-560

Cassidy, R.C. Elektrische Strahlungsheizkörper aus leitendem Gummi. Elec.Eng. 69 (1950) S. 263-264

Ebers, E.S. und H.H. Nielsen A Method for Increasing the Life of Nernst Glowers. Rev.Sci.Instr. 11 (1940) S. 429-430

Fulton, J.A. Infrared Gas Burners. Rayon Textile Monthly, 23 (1942)

Gerlach, F. Die Elektrowärme in Industrie, Gewerbe und Landwirtschaft (Messebericht). Elektrowärme-Technik 4 (1953) S. 101-117

Gerlach, F. und H. Masukowitz Die Elektrowärme auf der technischen Messe Hannover 1952. Elektrowärme-Technik 3 (1952) S. 54-66

Griffith, D. The Laboratory Construction of Nernst Filaments. Phil. Mag. 50 (1925) S. 263-265

Guttstadt, K.A. Infrarotstrahler - Eine neuzeitliche Wärmequelle. Der Elektrotechniker 2 (1950) S. 160-162

Haynes, H. Using Lamps for Industrial Heating. The Iron Age 4 (1940) S. 52-53

Holtz Eine neue Trockenlampe. Industrielackierbetrieb 19 (1951) S. 43. Beschreibung der Siccatherm-Lampe

Jaffe, J.H. The Carbon Arc as an Infrared Source. Journ.Opt.Soc.Am. 43 (1953) S. 619

Körting, J. Strahlung in Forschung und Technik. Gas und Wasserfach 91 (1950) S. 248-253 Beschreibung einiger Gasstrahlkörper. Anwendung und Forschungsberichte

Lohausen, K.A. Fortschritte in der Infrarottechnik, Infrarotstrahler und Öfen. Zs. VDI 94 (1952) Heft 11/12 S. 323-327, 10 Abb.

Maisonneuve, J. Production du rayonnement infrarouge. Rev.Aluminium 23 (1946) S. 377-383

Mann, C.P. Radiant Gas Burners in the Modern Oven. Prod.Finishing Nov. 1941

Martens, H. Die Erzeugung von ultraroter Strahlung durch elektrisch- und gasbeheizte Strahler. Deutsche Farbenzeitung 5 (1951) S. 5-11

Paul, M.O.	Gasgeräte mit flammenloser Oberflächenverbrennung. Heizung, Lüftung, Haustechn. 3 (1952) S. 95-96 Entwicklung, Prinzip und neue Ausführungsformen gasbeheizter Strahler
Pfund, A.H.	The Electric Walsbach Lamp. Journ.Opt.Soc.Am. 26 (1936) S. 439-442
Räber, H.	Gasbeheizte Infrarotstrahler. Monatsbull.Schweiz.Vers. Gas- und Wasserfachm. 26 (1946) S. 268-27o
Schulz, P.	Eine Strahlungsquelle für kontinuierliche Strahlung hoher Strahldichte. Zs.f. Naturforschung 2a (1947) S. 583-585 Beschreibung von Xenon-Hochdrucklampen, die im nahen Ultrarot ein intensives Linienspektrum aussenden
Schwank, G.	Infrarot-Wärmestrahlungsgeräte. Der Gasverkauf 2 (1951) Nr. 4, S. 7-11
Thebis	Entwicklung der Infrarotstrahler. Industrielackierbetrieb 18 (195o) Nr. 6, S. 1o9
Toison, M.La.	Infrarot-Glühstrahler. Bull.Soc.Franc.Elektr. 7 II (1952) S. 438
Weigelt, W. und G. Haase	Backerrohrheizkörper als Infrarotstrahler. Elektrowärmetechnik 2 (1951) Heft 1, S. 1o-12 Abhängigkeit der Strahlungszahl von der Temperatur und der Wärmevorbehandlung für verschiedene Backerrohre. Anwendung des Backerrohres als technischer Infrarotstrahler
Workman, R.	The Use of Radiant Tubes in the Infrared Process. Industrial Gas (Suppl. zu Gas World, London) 21 (1948) Nr. 2, S. 5-8

III. Abstrahlungsverhältnisse

Barnes, B.T. und W.E. Forsythe	Spectral Radiant Intensities of some Tungsten Filament Incandescent Lamps. Journ.Opt.Soc.Am. 26 (1936) S. 313-325
Benedict, W.S., B.W. Bullock und Sh. Silverman	Infrared Emission of the Hydrogen-Fuorine Flame. Bull. Am.Phys.Soc. 27 (1952) Nr. 3, Session PA9
Bethe, G.	Über die Beleuchtung durch strahlende Flächen. Optik, Stuttgart 8 (1951) 1o, S. 476-511
Brügel, W.	Strahlungsmessungen an elektrisch geheizten SiC-Stäben. Zeitschrift für Physik 127 (195o) S. 4oo-4o4 Vergleich des Emissionsvermögens eines schwarzen Körpers mit dem elektrisch geheizter SiC-Stäbe bei 1243 °C
Brügel, W.	Über die Wärmestrahlungseigenschaften von Backerrohren mit Chromstahlmantel. ETZ 71 (195o) S. 526-527 Spektrale Emissionskurven von Backerrohren
Donath, E.	Oberflächenverbrennung und flammenlose Feuerung. W. Knapp, Leipzig 1914. Fachbuch
Eckert, E.	Die Richtungsverteilung von Austrahlung und Rückwurf von Wärmestrahlung an technisch wichtigen Oberflächen. Arch. f. Wärmewirtschaft 18 (1937) S. 1o7-1o8
Eckert, E.	Technische Strahlungsaustauschrechnungen und ihre Anwendung in der Beleuchtungstechnik und beim Wärmeaustausch. VDI-Verlag Berlin 1937, 61 S., 63 Abb. Fachbuch
Eckert, E.	Das Strahlungsverhältnis von Flächen mit Einbuchtungen und von zylindrischen Bohrungen. Arch. f. Wärmewirtschaft 16 (1935) S. 135-138
Euler, J.	Strahlungsmessungen an Heizleitern im Spektralgebiet von o,5-7μ.ETZ 7o (1949) S. 427-431
Gruber, X.	Strahlungstechnische Untersuchungen von Radiatoren. Arch. f. Wärmewirtschaft 1o (1929) S. 253-257 Bestimmung des Strahlungsanteiles der Wärmeabgabe mit Hilfe eines Bolometers. Einfluß eines grauen Anstriches und Aufstellung vor einer Wand.
Hase, R.	Emission von Aluminium und seinen Legierungen. ZS.techn. Phys. 13 (1932) S. 145-155
Hild, K.	Die Gesamtstrahlung einiger Oxyde und Oxydgemische. Mitt.d.Kaiser-Wilhelm Ges. Inst.f.Eisenforschung, Düsseldorf, Abh. 2oo, Bd. 14, Lief.5 (1932) S. 59-7o

Koch, B. — Messungen im langwelligen Ultrarotspektrum der Quarzquecksilberlampe. Ann.d.Phys. 33 (1938) S. 335-358
Messungen, die mit Hilfe von Laminargittern an Quecksilberlampen verschiedener Konstruktion durchgeführt werden. Durchlässigkeit von geschmolzenem Quarz und Lithiumfluorid zwischen 36o und 45oμ. Absorption der langwelligen Hg-Strahlung

Krassowski, W.J. — Untersuchung der Ultrarotstrahlung des Nachthimmels. Fortschritte der Physik Bd. 1 (1953) Heft 5

Krüger, F. und O. Reinkober — Über die Strahlung von Glühkörperöfen und ihre physiologische Wirkung. Gas- und Wasserfach 76 (1933) S. 245-276

Laski, A. — Die langwellige Strahlung der Quarzquecksilberlampe bei verschiedener Belastung. Zeitschrift für Physik 1o (1922) S. 353-366

Mangold — Die Lichtmodulation der Quecksilberhochdruckentladung zwischen 5o Hz und 1oo kHz. Elektr.Nachrichtentechnik 17 (194o) S. 57-7o

Nusselt, W. — Graphische Bestimmung des Winkelverhältnisses bei der Wärmestrahlung. ZS.VDI 72 (1928) S. 673

Price, D.J. — Infrared Emissivity of Metals at High Temperatures Nature 157 (1946) S. 765
Messung an verschiedenen Metallen bei Temperaturen von 1ooo° bis 15oo °C im Bereich 1 bis 4,5μ

Price, D.J. — The Emissivity of Hot Metals in the Infra-Red. Proc. Phys.Soc. 59 (1946) Part 1, S. 119-132

Price, D.J. — The Temperature Variation of the Emissivity of Metals in the Near Infra-Red. Proc.Phys.Soc. 59 (1946) Part 1, S. 131-139

Schmidt, E. — Wärmestrahlung technischer Oberflächen bei gewöhnlicher Temperatur. Beiheft 2o zum Gesundheitsingenieur 1927, 21 S.
Theoretische Behandlung der Wärmestrahlung von Oberflächen, Messung von Strahlungszahlen, Vergleich der experimentellen Ergebnisse mit der Theorie

Schmidt, E. und E. Eckert — Über die Richtungsverteilung der Wärmestrahlung von Oberflächen. Forschung auf dem Gebiet des Ingenieurwesens 6 (1935) S. 175-182
Theoretisches und Meßergebnisse zur Richtungsverteilung der Strahlung bei elektrischen Leitern und Lichtleitern

Schmidt, H. und E. Furthmann — Über die Eigenstrahlung fester Körper. Mitt.d.Kaiser-Wilhelm Inst.f. Eisenforschung, Abh. 1o9, S. 225, Bd. 1o Düsseldorf

Siedentopf, H. Sichtbare und unsichtbare Strahlung der Sonne. Phys. Blätter 6 (195o) S. 2o-24

Stewart, G.W. The Distribution of Energy in the Spectrum of the Acetylene Flame. Phys.Rev. 13 (19o1) S. 257-282

Wrede, B. Über die Ultrarotstrahlung feuerfester Körper. Mitt. d.Kaiser-Wilhelm Inst.f. Eisenforschung, Düsseldorf, Bd. 13, Lief. 9, Abh. 179 (1931) S. 131-142

IV. Meßtechnik - Allgemeines

Coles, D.K. — A Double Monochromator for the Infra-Red. Journ.Opt. Soc.Am. 35 (1945) S. 799

Genzel, L. und N. Neuroth — Eine Wechsellichtmethode zur Messung der Ultrarotabsorption bei hohen Temperaturen. ZS. f. Physik 134 (1952) S. 127-134

Heidtkamp, G. — Methode zur Messung der Wärmestrahlung von Gas-Raumheizern. Gaswärme 2 (1953) S. 176-181

Hencky, K. und O. Knoblauch — Anleitung zu genauen technischen Temperaturmessungen. Oldenbourg, München 1926
Fachbuch

Löwe, F. — Die Entwicklung der optischen Meßinstrumente seit Kriegsbeginn. Chemiker Ztg. 74 (195o) 28, S. 393-4oo
Spezialgebiete:
1. Refraktometrie.
2. Objektive Kalorimeter mit lichtelektrischer Ausrüstung.
3. Registrierende Spektrophotometer.
4. Selbstanzeigende Spektrophotometer für die Spektralanalyse ohne Photographie

Martin, A.E. — The Accuracy of Infra-Red Intensity Measurements. Transact. of the Faraday Soc. 42 (1951) S. 1182-119o
Wichtige Fehler bei der Messung optischer Dichten, besonders im Infrarot-Gebiet

Müller, H. — Das Beukenmodell, Grundlagen, Grenzen und Anwendungsmöglichkeiten. Elektrowärmetechnik 2 (1951) Heft 3, S. 51-54

Müller, H. und F. Weideneder — Anwendung des Beukenmodells in der Ausführung nach K.H. Brockmeier zur Untersuchung von Wärmeübergängen. Sektion 6, Bericht Nr. 6oo/1, 1953, Elektrowärme-Institut Langenberg/Rheinl. 5 S.

Müller, H. — Über die Schutzringanordnung in der Wärmemeßtechnik. Elektrowärmetechnik 2 (1951) S. 121

Müller, R. — Über eine neue erschütterungsfreie Aufstellung für empfindliche Meßinstrumente. Ann.d.Phys. 5.Folge, Bd. 1 (1929) S. 613-656

Pompeo, D.I. und C.I. Peuther — Direct Pen Recording of Galvanometer Reflection. Rev. Sci.Instr. 13 (1942) S. 218-222
Registrierung eines Galvanometerausschlages über einen Lichtstrahl, Photozelle und Schreibvorrichtung

Prandtl, L. — Eine Beziehung zwischen Wärmeaustausch und Strömungswiderstand der Flüssigkeiten. Phys.Zs. 11 (1910) S. 1072-1077
Abbildung von Strömungsvorgängen auf Wärmeaustauschvorgänge, Vergleich mit den Nusseltschen Versuchen.

Raisch, E. — Verfahren zum Messen der Wärmeleitzahlen von Metallen. Forschung auf dem Gebiet des Ingenieurwesens (1932) Heft 4, S. 209

Rank, D.H., J.M. Bennet und T.A. Wiggins — Interferometric Wavelength Measurements in the Near Infrared. Journ.Opt.Soc.Am. 43 (1953) S. 213

Sasaki, N. — A New Method for Surface-Temperature Measurement. Rev. Sci.Instr. 21 (1950) 1, S. 1-3

Schmidt, E. und I. Werneburg — Wärmeflußmesser für hohe Temperaturen. Zs. VDI (1934) S. 343-345
Gerät aus keramischem Werkstoff zur Bestimmung der Wärmeverluste technischer Öfen während des Betriebes

Seiffert, K. — Die Problematik von Wärmeleitzahlmessungen. Arch.f.ges. Wärmetechnik 2 (1951) Heft 3, S. 49-55

Simpson, O. — The Effect of Room Temperature Radiation on the Infra-Red Response of Lead Telluride Photoconductors. Proc. Phys.Soc. 61 (1948) Part 5, S. 486-487

Suhrmann, R. und H. Luther — Aufbau und Verwendung von Ultrarotgeräten. Chem.Ing. Techn. 22 (1950) S. 409-415
Maßgebende Gesichtspunkte für den Aufbau einer Ultrarotapparatur im chemischen Laboratorium. Apparate und Hilfsmittel für das nahe und mittlere Infrarot

Tear, J.D. — A Torsion Balance for Measuring Radiation Pressure. Journ.Opt.Soc.Am. 11 (1925) S. 135-145

White, J.U. und M.D. Listen — Construction of a Double Beam Recording Infrared Spectrophotometer. Journ.Opt.Soc.Am. 40 (1950) S. 29-35
Registrierphotometer mit Vergleichsstrahlengang für das nahe Infrarot

Williams, V.Z. — Infrared Instrumentations and Techniques. Rev.Sci.Instr. 19 (1948) S. 135
Angabe von Instrumentarium für das nahe und ferne Infrarot. Zusammenfassende Darstellung

Work, R.N. — A Photoelectric Recording Interferometer for Measurement of Dimensional Changes. J. Research Nat.Bur.Stand. Washington 47 (1951) 2, S. 80-86

V. Thermoelemente, Thermosäulen, Bolometer, Radiometer, Pyrometer

Aiken, C.B., W.H. Garter jr. und F.S. Phillips	The Production of Film Type Bolometer with Rapid Response. Rev.Sci.Instr. 17 (1946) S. 377-384 Konstruktion und Herstellung verschiedener Bolometer
Allen, S. und I.R. Hamm	Pyrometer zur Temperaturmessung in Gasströmen geringer Dichte. Trans.ASME 72 (195o) 6, S. 851-858
Amdur, I. und G.F. Glick	Steady-State Sensitivity of a Vacuum Bolometer. Rev. Sci.Instr. 16 (1945) S. 117-124
Bosworth, R.C.	The electrical resistance of thin films of nickel prepared by electro-disposition. New types of linear bolometer. Trans.Faraday Soc. 3o (1934) S. 549 u. 554
Brockman, F.G.	Gerät zur Messung der Strahlungsenergie. USA Patent 2 516 672, 27.5.44/25.7.5o Messung der kleinen Energiebeträge am Ausgang des Ultrarotspektrographen für die Ultrarot-Analyse von Chemikalien, vorwiegend für die Kohlenwasserstoffgemische
Brockman, F.G.	Production and Properties of Nickel Bolometers. Journ. Opt.Soc.Am. 36 (1944) S. 32-34
Cammerer, I.S.	Die Messung der Luftfeuchtigkeit durch Thermoelemente in ruhender Luft. Meßtechnik 1937, S. 21-22 Untersuchung über Schwitzwasserbildung in Wohnungen mit thermoelektrischem Psychrometer
Carlisle, S.S.	Radiation Pyrometrie. Iron Coal Trades Rev. London 164 (1952) Nr. 4, 38o, S. 637-643 Strahlungstemperaturmessungen in Stahlwerken
Cartwright, C.H.	Über die Empfindlichkeit von Thermosäulen, Mikroradiometern, Radiometern und Bolometern. Zs. f. Physik 92 (1934) S. 153-171 Kriterium zum Vergleich radiometrischer Instrumente, das Störungen in Betracht zieht, die alle Instrumente in gleichem Maße beeinflußen
Cartwright, C.H.	General Theory, Design and Construction of sensitive Vacuum Thermopiles. Rev.Sci.Instr. 1 (193o) S. 592-6o1 Theoretische Abhandlung über verschiedene konstruierte Thermosäulen
Cartwright, C.H.	Radiation Thermopiles for Use at Liquid Air Temperatures. Rev.Sci.Instr. 4 (1933) S. 382-384 Konstruktion und Empfindlichkeitsmessungen. Bei der Temperatur der flüssigen Luft mehr als zehnfache Empfindlichkeit gegenüber Zimmertemperatur

Cartwright, C.H. — Wiedemann-Franz'sche Zahl, Wärmeleitfähigkeit und thermoelektrische Kraft von Tellur. Ann.d.Phys. 18 (1933) S. 656-678

Czerny, M. — Über die Brown'sche Molekularbewegung als Grenze der Meßtechnik. Ann.d.Phys. 5. Folge, 12 (1932) S. 993-1o1o
Definition des Nutzeffektes eines Galvanometersystems. Resonanzradiometer von Hardy und Berechnung seines Nutzeffektes

Czerny, M., W. Kofink und W. Lippert — Bolometer geringer Trägheit. Ann.d.Phys. 8 (195o) S. 65

Engelbrecht, H. — Die Entwicklung der Strahlungspyrometrie für niedrige Temperaturen in Amerika und England. Stahl und Eisen, Düsseldorf 71 (1951) 19, S. 1o18-1o2o
Verschiedene Pyrometer:
Low Range Radiamatic nach Hessey,
Termistor Bolometer nach Tour,
Image Converter Tube

Fuson, N. — The Infra-Red Sensitivity of Super-conducting Bolometer. Journ.Opt.Soc.Am. 38 (1948) S. 845-853
Untersuchung von 25 Bolometern

Gerlach, W. und H. Albach — Untersuchungen an Radiometern I. Über ein Kompensationsradiometer. Zs.f.Physik 14 (1923) S. 285-29o
Das Prinzip des Kompensationsradiometers. Beschreibung einer Ausführungsform. Abhängigkeit der Ausschläge vom Druck

Gerlach, W. und A. Golsen — Untersuchungen an Radiometern II. Eine neue Messung des Strahlendrucks. Zs.f.Physik 15 (1923) S. 1-6
Im Vakuum von etwa 1o^{-7} mm Hg wird ein konstanter Restausschlag des Radiometers gefunden, welcher als reiner Strahlendruck gedeutet wird. Ausschlag ist proportional der Energie, unabhängig von der Wellenlänge. Stimmt mit theoretischem Wert überein

Gerlach, W. und E. Madelung — Untersuchungen an Radiometern III. Notiz zur Radiometertheorie von E. Einstein. Zs.f.Physik 21 (1924) S. 254-257

Gerlach, W. und W. Schütz — Untersuchungen an Radiometern IV. Zs.f.Physik 78 (1932) S. 43-58
Versuche, die die Epsteinsche Theorie des Radiometereffektes bestätigen und die Einsteinsche widerlegen

Golay, M.C.E. — The Theoretical and Practical Sensitivity of the Pneumatic Infra-Red Detector. Rev.Sci.Instr. 2o (1949) S. 816-82o
Mit kurzer Beschreibung des Gerätes

Golay, M.C.E. A Pneumatic Infra-Red Detector. Rev.Sci.Instr. 18 (1947) S. 357-362

Golay, M.C.E. Theoretical Consideration in Heat and Infra-Red Detection, with Particular Reference to the Pneumatic Detectors. Rev.Sci.Instr. 18 (1947) S. 347-356
Mathematische Grundlagen der Infrarot-Detektoren

Gorrill, W.S. Industrial High-Speed Infrared Pyrometer. Electronics, March 1949, S. 112-114
Gerät zur Messung der Temperatur von Konserven. 6 Dosen passieren pro Sekunde den Meßpunkt

Hase, R. Thermoelement für Strahlungsmessungen. Zs.f.Physik 15 (1923) S. 52
Beschreibung eines empfindlichen Vakuumthermoelementes

Haynes, H. A New Receiver of Radiant Energy. Rev.Sci.Instr. 7 (1936) S. 2o2-2o4
Kondensator-Kapazitätsänderung durch Ausdehnung eines Gases

Hettner, G. Zur Theorie des Radiometers. Zs.f.Physik 27 (1924) S. 12-22
Die "thermische Gleitung" zur Erklärung einer Gruppe von Radiometereffekten

Hettner, G. Über ein hochempfindliches Meßinstrument für Wärmestrahlung. Zs.f.Physik 47 (1927) S. 499-5o8
Die Radiometertheorie des Verfassers liefert einen Gesichtspunkt, der die Empfindlichkeit des Radiometers wesentlich zu steigern erlaubt. Beschreibung eines hierauf beruhenden hochempfindlichen Instrumentes

Jones, R.C. The General Theory of Bolometer Performance. Journ. Opt.Soc.Am. 43 (1953) S. 1-17
Theorie des Verhaltens von Bolometern

Johansen, E. Über die Vakuumthermosäule als Strahlungsmesser. Ann.d.Physik 33 (191o) S. 519-536
Bedingungen, um ein möglichst empfindliches Vakuumthermoelement zu erhalten

v.Karsgard Ein neues Radiometer zur Messung der mittleren Strahlungstemperatur. Heating, Piping and Air Cond. 21 (1949) Nr. 7
Meßinstrument, das auf Messung der Temperaturunterschiede zwischen zwei gleich großen Pappstücken mit verschiedenen Strahlungszahlen in einem Strahlungsfeld beruht

Kost, W. Hartlöten dünner Thermoelemente. Brennstoff, Wärme, Kraft 5 (1953) Nr. 2, S. 45
Verlöten von Nickelchrom-Konstantendrähten von o,1 mm Durchmesser mit Silberlot

Kroebel, W.	Eine Methode zur Verstärkung von extrem kleinen Thermospannungen. Zs.angew.Physik 5 (1953) Heft 8, S. 286-291 Besprechung von Schaltung und Bauelementen, die Thermospannungen von ca 10^{-9} Volt noch nachweisen lassen
Leimbach, G.	Ein neues Linearbolometer. Ann.d.Physik 33 (191o) S. 3o8-318 Beschreibung von Aufbau- und Brückenschaltung
Leo, W. und L. Hübner	Zur Strahlungsmessung mittels Thermoelementen und hochempfindlicher Photozellenkompensation. Zs.angew. Physik 2 (195o) S. 454-461 Gerät zum Registrieren kleinster Thermospannungen bis 1/1o μV. Darstellung der Empfindlichkeit an Meßbeispielen
Lindorf, H.	Technische Temperaturmessungen. Verlag W. Girardet, Essen, 1952 Lehrbuch
Marshall, P.R. und D.K. Mackenzie	Ein tragbares Pyrometer. Journ.Sci.Instr. 27 (195o) S. 33-36 Beschreibung eines von der Electronic Instr. Ltd. Richmond, Surrey, in den Handel gebrachten Pyrometers, das (bei bekanntem Emissionsvermögen) Temperaturen von 2oo °C ab zu messen gestattet, und zwar auch Strahlungsblitze von 1 ms Dauer
Moll, W.I.H. und H.C. Burger	A New Vacuum Thermoelement. Phil.Mag. 5o (1925) S. 618-623 Vakuumthermoelement mit Folien als Thermoelement, die sehr dünn (bis zu o,oo5 mm) sind
Moll, W.I.H. und H.C. Burger	Ein neues Vakuumthermoelement. Zs.f.Physik 32 (1925) S. 575-581 Schnell anzeigendes und empfindliches Vakuumthermoelement, das u.a. zu direkten energetischen Messungen von Spektrallinien geeignet ist
Müller, C.	Neue Strahlungsmeßgeräte von gesteigerter Empfindlichkeit. Naturw. 19 (1931) S. 416-419 Neue Strahlungsthermoelemente, die hohe Empfindlichkeit und große Einstellungsgeschwindigkeit haben. Herstellung durch Diffusion von Zusatzmaterialien auf Leitern ohne Schweißen oder Löten
Naeser, G.	Über ein neues kombiniertes Farbpyrometer mit Vergleichslampe. Mitt.d.Kaiser-Wilhelm Inst.f.Eisenforschung Düsseldorf, Bd. XVIII, 1936, Lief. 2, Abh. 296, S. 21-25 Unsicherheit der mit den gebräuchlichen optischen Pyrometern ermittelten Temperaturen. Ein neues

	Pyrometer zur gleichzeitigen Ermittlung der Farbtemperatur und der schwarzen Temperatur. Unmittelbare Messung der wahren Temperatur. Vergleichsmessungen im Laboratorium und im Betrieb
Pfundt, A.H.	Radiation Thermopiles. Rev.Sci.Instr. 8 (1937) S. 417-418 Herstellung der Lötstelle bei Thermosäulen
Roess, L.C.	Vacuum Tube Amplifier for Measuring Very Small Alternating Voltages. Rev.Sci.Instr. 16 (1945) S. 172-183 Thermoelementspannungsverstärker, der mit einer Frequenz von 1 bis 5 Hertz als Unterbrechung der Eingangsspannung arbeitet und Spannungen von 5 bis 10^{-10} Volt noch nachweisen kann. Verwendungsmöglichkeit in Infrarotspektrographen
Rosenthal, G.	Schwarze Strahlungsmeßgeräte. Zs.wiss.Phot. 39 (1941) S. 174-194 Allgemeiner Überblick. Im Handel erhältliche Geräte mit Firmenangaben. Literaturhinweise
Rosenthal, G.	Über den Bau eines hochempfindlichen Thermoelementes für Strahlungsmessungen. Zs.Instrum. 59 (1939) S. 432 und 457-467 Verfahren zur Herstellung eines Instrumentes, wie von Cartwright vorgeschlagen. Empfindlichkeitssteigerung gegenüber bekannten Konstruktionen
Sandoik, O.	A sensitive Nichols Radiometer. Journ.Opt.Soc.Am. 12 (1926) S. 355-358
Schäfer, K.	Strahlungsmessung. Elektro-Techniker, Wuppertal, 4 (1952) 5, S. 131-132
Schwarz, W.	Gesamtstrahlungspyrometer für die Temperaturmessung an Schaufeln von laufenden Gasturbinen. Brennstoff, Wärme, Kraft 5 (1953) S. 195-197 Gesamtstrahlungspyromter, mit dem an laufenden Gasturbinen ohne Änderung am Läufer die Schaufeltemperatur mit großer Genauigkeit gemessen und im Betrieb laufend überwacht werden kann
Silvermann, Sh.	The Determination of Flame-Temperatures by Infra-Red Radiation. Journ.Opt.Soc.Am. 39 (1948) S. 275-277 Kriterien für ein Meßinstrument. Mittel zur Verringerung der Fehler. Die gemessenen Temperaturen liegen niedriger als theoretisch zu erwarten
Tear, J.D.	The Nichols Radiometer. Journ.Opt.Soc.Am. 11 (1925) S. 81-86
Tear, J.D.	Improved Radiometer Construction. Phys.Rev. 23 (1924) S. 641-648

	Empfindlichkeitssteigerung des Nichols-Radiometer durch verschiedene Mittel
Theissing, H.	Über einige Eigenschaften von Strahlungsempfängern unter besonderer Berücksichtigung der Thermoelemente. Phys.Zs. 38 (1937) S. 557-564 Wichtige Gesichtspunkte, die zur Erreichung höchster Empfindlichkeit zu beachten sind. Vorteile des Vakuumthermoelementes. Vermeidung von Fehlern
Tour, S.	Radiation Pyrometer for Lower Temperatures. Iron Age Philadelphia 165 (195o) 2o, S. 9o-93
Voege, W.	Ein neues Thermoelement für Strahlungsmessungen im Spektrum. Phys.Zs. 22 (1921) S. 119 Konzentration der Energie durch einen hinter dem Element angeordneten vergoldeten Hohlspiegel
Warburg, E., G. Leithäuser und Ed. Johannsen	Über das Vakuumbolometer. Ann.d.Physik Bd. 24 (19o7) S. 25-42 Bolometerstreifen in evakuiertem Gefäß. Theorie und Versuche
Weber, P.E.	Der Glühbandstrahlungswandler. Optik 6 (195o) S. 29o-291 Beschreibung eines Meßgerätes für Ultrarot-Strahlung
Weber, P.E.	Das Membranradiometer. Optik 6 (195o) 3, S. 152-161 Beschreibung eines Infrarot-Strahlungsempfängers, der auf dem gaskinetischen Effekt beruht. Bei modulierter Einstrahlung gerät eine einseitig den Gasraum abschließende Membran in Schwingungen, die als Kapazitätsänderungen eine abgestimmte Hochfrequenzbrücke beeinflussen
Weiss, R.A.	A Pneumatic Radiant Energy Detector. Journ. Opt. Soc.Am. 36 (1946) S. 356 Strahlungsmessung durch Druckänderung in einer Gaskammer. Die Bewegung einer Membran wird interferometrisch gemessen. Empfindlichkeit o,o1 μ W
Weingeroff, M.	Ein neues empfindliches Strahlungsmeßgerät. Phys. Zs.d.Sowjetunion 1 (1932) S. 3o4-3o6 Strahlungsmeßgerät, das auf dem Prinzip des Bimetallthermometers beruht (Quarz-Wismut)
Wormser, E.M.	Properties of Thermistor Infrared Detectors. Journ. Opt.Soc.Am. 43 (1953) S. 15-21 Beschreibung von Bauarten und Eigenschaften

VI. Absorption, Dispersion, Reflexion, Durchlässigkeit, Polarisation

Adel, A.	Atmospheric Absorption of infrared solar Radiation at the Lowell Observatory. Astroph.Journ. 89 (1939) S. 1-9
Agnew, J.T. und R.B. Mc Quistan	Experiments Concerning Infrared Diffuse Reflectance Standards in the Range o,8 to 2o,o Microns. Journ. Opt.Soc.Am. 43 (1953) S. 999-1oo7
Anderson, S.H.	The Penetration of Light through Fog. Aviation 38 (193o) S. 93o-936
Barnes, R.B. und L.G. Bonner	The Christiansen Filter Effect in the Infrared. Phys. Rev. 49 (1936) S. 732-74o
Barnes, R.B. und L.G. Bonner	Filters for the Infrared. Journ.Opt.Soc.Am. 26 (1936) S. 428-433 Selen-Filter
Barnes, R.B., R.C. Gore, V. Liddel und V.Z. Williams	Infrared Spectroscopy. Industrial Applications and Bibliography. Reinhold Publ. Corp. New York 1944 Fachbuch
Becker, M. und H.Y. Fan	Die optischen Eigenschaften von Halbleitern (II. Infrarotdurchlässigkeit von Germanium, III. Infrarotdurchlässigkeit von Silizium). Phys.Rev. 76 (1949) 1o, S. 153o-1531
Billings, B.H. und M.A. Pittman	A Frustrated Total Reflection Filter for the Infra-Red. Journ.Opt.Soc.Am. 39 (1949) S. 978-982
Blackmore, P.	Infrared Reflectance of Paints. Industrial Finishing Sept. 1942
Blont, C.R., W.F. Amon jr., R.G. Shepherd jr., A. Thomas, C.D. West und E.H. Land	Near Infra-Red Transmitting Filters. Journ.Opt.Soc. Am. 36 (1946) S. 46o-464 Verschiedene neu entwickelte Filter
Blout, R.E., R.S. Carley und P.L. Snow	Infra-Red Transmitting Filters II. The Region 1 to 6μ. Journ.Opt.Soc.Am. 4o (195o) S. 415-417 Polyvinylchlorid und Polyvinylidenechlorid-Filter
Buchwald, E.	Untersuchungen von Flammenspektren mit dem Vakuumbolometer. Ann.d.Physik Bd. 33 (191o) S. 928-95o Aufbau und Empfindlichkeitsbestimmung des Vakuumbolometers. Untersuchung von Flammenspektren
Cottrell, T.L.	The Absorption of Interrupted Infra-Red Radiation. Trans.Faraday Soc. 46 (195o) S. 1o25-1o29

Czerny, M. und L. Genzel — Über die Eindringtiefe räumlich diffuser Strahlung in Glas. Glastechnische Berichte 25 (1952) S. 134-139

Czerny, M. und L. Genzel — Energiefluß und Temperaturverlauf im Glasbad von Schmelzwannen als Folge von Wärmeleitung und Strahlung. Glastechnische Berichte 25 (1952) S. 387-392

Dechend, W. — Über die Reichweite ultraroter Strahlen. Das Elektron, 2 (1948) 11, S. 255-259
Änderung der Grenze der Sichtbarkeit beim menschlichen Auge mit der Energiedichte. Reichweite und Sichtweite. Reichweite und Geräteleistung. Einfluß der Atmosphäre. Reflexionsvermögen von Objekten

Dechend, W. — Ultrarot-Photozellen und Filter. Das Elektron, 2 (1948) 12, S. 3o6-31o
Nachweisbarkeitsgrenzen, spektrale Empfindlichkeit, Trägheit der Zellen, Filtereinfluß, Glasabsorption

Derksen, W.L. und Th.I. Monahan — A Reflectometer for Measuring Diffuse Reflectance in the Visible and Infrared Region. Journ.Opt.Soc. Am. 42 (1952) S. 263-265
Beschreibung des Gerätes. Untersuchung einiger Stoffe, darunter menschliche Haut

Draper, C.R. — Aluminium as Reflector. Light Metals, London, Mai 1947, S. 256-262

Dreisch, Th. — Die Absorptionskoeffizienten einiger Flüssigkeiten und ihrer Dämpfe im Ultrarot unterhalb 3 μ. Zs.f. Physik 3o (1924) S. 2oo-216

Dreisch, Th. — Die Absorption von optischen Gläsern und Borax unterhalb 4,1 μ. Zs.f.Physik 42 (1929) S. 428-435
Bis etwa 2,7 μ ist die Absorption von optischen Gläsern verschwindend gering und steigt dann sehr rasch an. In borsäurehaltigen Gläsern treten bei 2,8; 3,68; 4,o5 μ scharfe Banden auf, deren Stärke mit steigendem Borsäuregehalt zunimmt. Der Kieselsäuregehalt verursacht diffuse Banden bei 2,85 und 3,55 μ

Elliot, A., E.I. Ambrose und R.B. Temple — Double Orientation and Infra-Red Dichroism in Polymers. Nature 163 (1949) S. 567
Handlicher Polarisator für das nahe Ultrarot (1-14 μ). Vorteile gegenüber anderen Geräten. Arbeitstechnik

Elliot, A., E.I. Ambrose und R.B. Temple — The Polarisation of Infra-Red Radiation. Journ.Opt. Soc.Am. 38 (1948) S. 212-216
Handlicher Polarisator für das nahe Ultrarot (1-14 μ). Vorteile gegenüber anderen Geräten. Arbeitstechnik

Erk, S. — Die Licht- und Wärme-Strahlungsdurchlässigkeit von Fensterglas. Gesundh.Ing. 57 (1934) S. 237-238

Florence, J.M. — Transmission of Near-Infrared Energy by some Two- and Three-Component Glasses. Journ.Research Nat. Bur.Standards. Washington 5o (1953) No. 4, S. 187-189

Fritz-Schmidt, M., G. Gehlhoff und Thomas — Die physikalischen Eigenschaften der Gläser in Abhängigkeit von der Zusammensetzung. IV. Die Durchlässigkeit der Gläser im ultravioletten, sichtbaren und ultraroten Gebiet. Zs.Techn.Physik 11 (193o) S. 289-326

Gaertner, H. — Die Durchlässigkeit der getrübten Atmosphäre für ultrarote Strahlen. Zs. VDI 93 (1951) S. 113-117
Theoretische Einführung über Schwächung des Lichtes in der Atmosphäre. Empfangshilfsmittel für U.R. Platten für Fernaufnahmen

Geffcken, W. — Zur Fortleitung der Wärme in Glas bei hohen Temperaturen. Glastechn.Berichte 25 (1952) S. 392-396

Genzel, L. — Der Anteil der Wärmestrahlung bei Wärmeleitungsvorgängen. Zs.f.Physik 135 (1953) S. 177-195

Genzel, L. — Zur Berechnung der Strahlungsleitfähigkeit der Gläser. Glastechn.Berichte 26 (1953) S. 69-71

Genzel, L. — Durchlässigkeit von Wasser im nahen Ultrarot. Optik 9 (1951) S. 143
Prozentuale Durchlässigkeit verschiedener Schichtdicken

Genzel, L. — Ein eigenartiger Strahlungsprozeß in Glasschmelzen. Umschau 53 (1953) S. 675-676
Ein Strahlungsprozeß in geschmolzenem Glas, der große Bedeutung für die Glastechnologie besitzt. Durch diesen Prozeß hat der überragende Einfluß der Strahlung bei dem allgemeinen Wärmetransport durch geschmolzenes Glas eine Aufklärung gefunden

Götz, F.P. — Das Strahlungsklima von Arosa. Springer, Berlin 1926
Fachbuch

Goodeve, C.F. — Relative Luminosity in the Extreme Red. Proc.Roy. Soc. London, A 155 (1936) S. 664-683

Granath, L.P. und E.O. Hulpurt — The Absorption of Light by Fog. Phys.Rev. 34 (1929) S. 14o-144
Günstige Wellenlängen zur Durchdringung von Nebel. Messungen

Hadley, L.N. und D.M. Dennison — Reflection and Transmission Interference Filters. Journ.Opt.Soc.Am. 37 (1947) S. 451-465

Harris, L., R.T. Mc Ginnies und B.M. Siegel	The Preparation and Optical Properties of Gold Blacks. Journ.Opt.Soc.Am. 38 (1948) S. 582-588
Henry, R.L.	The Transmission of Powder Films in the Infra-Red. Journ.Opt.Soc.Am. 38 (1948) S. 775-788 Messungen der Infrarot-Durchlässigkeit trockener Schichten von Quarz- und Zinksulfidpulver. Einfluß von Korngröße, Schichtdicke, optischen Konstanten des Materials
Hettner, G.	Durchlässigkeit und Reflexionsvermögen dünner Metallschichten im langwelligen Ultrarot bei beliebigem Einfallswinkel. Optik 1 (1946) S. 2-8 Theoretische Behandlung
Hettner, G.	Die Dispersion der Mischkristalle. TlBr - Tl J (KRS5) und TlCl - Tl Br (KRS6) im Ultrarot. Optik 3 (1948) S. 305-314 Dispersionskurven. Beständigkeit von Prismen und Linsen gegen äußere Einflüsse. Brauchbare, teilweise hohe Brechungsindizes
Hottinger	Vom Wärmedurchgang durch Glasscheiben. Gesundh.Ing. 52 (1929) S. 705-707
Hulpurt, E.O.	Attennation of Light in the Lower Atmosphere. Journ. Opt.Soc.Am. 25 (1935) S. 125-130
Jones, D.A., R.V. Jones und R.W.H. Stevenson	Infra-Red Transmission Limits of Single Crystals of some Fluorids. Proc.Phys.Soc. B 65 (1952) Part 11, S. 906
Joos, G.	Ein variables Infrarotfilter. Optik 9 (1952) S. 546 Polarisationsfolien als Infrarotfilter
Kaiser, W., R.C. Collins und H.Y. Fan	Infrared Absorption in P-Type Germanium. Phys.Rev. 91 (1953) S. 1380-1381 Übersetzung in Naturw. 40 (1953) S. 479
Kellet, B.S.	The steady flow of heat through hot glass. Journ. Opt.Soc.Am. 42 (1952) S. 339-343
King, G.W.	An Empirical Formula for the Refractive Indices of Infra-Red Dispersing Materials. Bull.Am.Phys.Soc. 24 (1949) No. 6, Session F 13
Koops, R.	Optische Baustoffe aus binären Mischkristallen Optik 3 (1948) S. 298-304 Durch Übergang von Einstoffsystemen auf Zweistoffsysteme bei der Herstellung von synthetischen Kristallen für optische Zwecke konnten optische Medien für Ultrarotoptik hergestellt werden, die, im Gegensatz zu den bisher zur Verfügung stehenden, gegen

	Einflüsse der Atmosphäre nahezu unempfindlich sind. Sie besitzen eine weitgehende Durchlässigkeit im Ultraroten und zeichnen sich durch hohe Brechungsindices aus
Külb, W.	Die Schwächung sichtbarer und ultraroter Strahlen durch künstliche Nebel und ihre Wirkung auf die Sicht. Ann.d.Physik 11 (1931) S. 679-726 Spektrale Durchlässigkeit einiger künstlicher Nebel für Wellenlängen o,4 - 4,o μ. Streuungs- und Absorptionsanteile der Schwächung. Sichtverhältnisse in trüben Medien, Mittel zur Verbesserung
Liebisch, Th. und H. Rubens	Über die optischen Eigenschaften einiger Kristalle im langwelligen ultraroten Spektrum. Sitzungsber. Acad.Wiss. Berlin, 1919, S. 876-9oo Untersuchung des Reflexionsvermögens von 25 Substanzen für 8 verschiedene Strahlenarten im Gebiet von 3o-3oo μ
Mathis, R.	Die Absorption des Wasserdampfes in der Atmosphäre im nahen Ultrarot. n. de phys. et le radium 12 (1951) 1, S. 51-64
Menzies, A.C.G.	Growth of Crystals of Cesium Bromide, and the Infrared Transmission Limit in Optical Materials. Proc. Phys.Soc. B 65 (1952) Part 8, S. 576-577 Herstellung von Kristallen nach der Kyropoulos - Pohl Methode. Bei der Suche nach Stoffen mit besonderen optischen Eigenschaften ist es nützlich, die Durchlässigkeitsgrenze für lange Wellenlängen vorhersagen zu können. Angabe einer Regel dafür
Moss, T.S.	Optical Properties of Tellurium in the Infra-Red. Proc.Phys.Soc. B 65 (1952) Part 1, S. 62-65
Neuroth, N.	Der Einfluß der Temperatur auf die spektrale Absorption in Gläsern im Ultraroten. Glastechn.Berichte 25 (1952) S. 242-249 und 26 (1953) S. 66-69
Paul, W. D.A. Jones und R.V. Jones	Infra-Red Transmission of Galena. Proc.Phys.Soc. 64 (1951) Part 6, S. 528
Pfundt, A.H.	The Dispersion and Transmission of Methyl-Methacrylate-Polymer. Journ.Opt.Soc.Am. 29 (1939) S. 291-293
Pfundt, A.H.	Infrared Filters of Controllable Transmission. Phys. Rev. 36 (193o) S. 71-76 Filter, hauptsächlich bestehend aus einem Pulver, das gleichmäßig über die Oberfläche eines Metallspiegels verteilt wird. Verschiedene Pulverarten und Korngrößen

Pfundt, A.H. — The Optical Properties of Metallic and Crystalline Powders. Journ.Opt.Soc.Am. 23 (1933) S. 375-378
Die spektralen Absorptionsverhältnisse für "Schwärzungen" mit Metallpulver. Untersuchungen im kurzen und langwelligen Ultrarot und Herstellungsanweisungen

Pfundt, A.H. — Transparent and Opaque Screens for the Near Infra-Red. Journ.Opt.Soc.Am. 29 (1939) S. 56-58

Pfundt, A.H. — Improved Infra-Red Polarizer. Journ.Opt.Soc.Am. 37 (1947) S. 558-559

Plyler, E.K. und N. Acquista — Infrared Spectrometry with a Cesium Iodide Prism. Journ.Opt.Soc.Am. 43 (1953) S. 212

Ramanathan, K.G. — Infra-Red Absorption by Metals at Low Temperatures. Proc.Phys.Soc. A 65 (1952) Part 7, S. 532-54o
Messung des Absorptionsvermögens verschiedener Metalloberflächen bei der Temperatur flüssigen Heliums

Reinkober, O. — Über Absorption und Reflexion ultraroter Strahlen durch Quarz, Turmalin und Diamant. Ann.d.Physik 34 (1911) S. 343-372

Reinkober, O. und M. Bluth — Reststrahlen von einwertigen und zweiwertigen Fluoriden. Ann.d.Phys. 5. Folge, Bd. 6 (193o) S. 785-792
Reststrahlwellenlängen nach Reflexionsmethode mit Gitterspektrometer

Rubens, H. — Über Dispersion ultraroter Strahlen. Wiedem.Ann. 45 (1892) S. 238

Rubens, H. und E. Ladenburg — Über die Dispersion des Wassers im ultraroten Spektrum. Ver.d.deutsch.phys.Ges. 11 (19o9) S. 16-28
Le Radium 6 (19o9) S. 33-39

Rubens, H. — Über Reflexionsvermögen und Dielektrizitätskonstante isolierender fester Körper und einiger Flüssigkeiten. Sitzungsber.Akad.Wiss. Berlin 1915, S. 4-2o
Untersuchung des Reflexionsvermögens von 25 Substanzen für 8 verschiedene Strahlerarten im Gebiet von 3o-3ooμ

Sanderson, J.A. — The Diffuse Spectral Reflectance of Paints in the Near Infra-Red. Journ.Opt.Soc.Am. 37 (1947) S.771-777

Schulz, L.G. — Optical Properties of Bismuth in the Near Infrared. Journ.Opt.Soc.Am. 43 (1953) S. 4o6

Semmens, E.S. — Hydrolysis of Starch Grains by Polarized Infra-Red Radiation. Nature 163 (1949) S. 371

Shenk, I.H., E.S. Hodge, R.I. Morris, E.E. Pickett und W.R. Brode — Plastic Filters for the visivle and near infra-red regions. Journ.Opt.Soc.Am. 36 (1946) S. 569-576
Auswahl und Herstellung der Filter. Absorptionsspektren und ihre Auswertung

Sheppard, N. und G.B.B.N. Sutherland	Some Infra-Red Studies on the Vulcanisation of Rubber. Trans.Farad.Soc. 51 (1945) S. 261-271 Absorptionsspektren von Kautschuk bei verschiedenen Verfahren der Vulkanisation
Sieber, W.	Zusammensetzung der von Werk- und Baustoffen zurückgeworfenen Wärmestrahlung. Zs.techn.Physik 22 (1941) S. 13o-137
Siedentopf, H.	Die Struktur des atmosphärischen Dunstes. Forschung und Fortschritte 1947, S. 27o-271
Siedentopf, H. und Winhak	Die Scintillation der Strahlung terrestischer Lichtquellen und ihr Gang mit der Tageszeit. Optik 3 (1948) S. 43o-442 Messung der Intensitätsmodulation der Strahlung entfernter Lichtquellen, die durch Luftunruhe in Bodennähe hervorgerufen wird
Stephens, R.E., E.K. Plyler,, W.S. Rodney und R.C. Spindler	Refractive Index of Potassium Bromide for Infrared Radiant Energy. Journ.Opt.Soc.Am. 43 (1953) S. 11o-112 Messung des Brechungsindex auf zwei Instrumenten mit zwei verschiedenen Methoden
Studer, F.I. und D.A. Cusano	Titanium Dioxyde Films as Selctive Reflectors of the Near Infrared. Journ.Opt.Soc.Am. 43 (1953) S. 522-524
Torkington, P. und H.W. Thompson	Solvents for Use in the Infra-Red. Trans.Farad.Soc. 51 (1945) S. 184-186 Lösungsmittel bei der Infrarot-Spektroskopie fester Körper und stark absorbierender Flüssigkeiten
Welles, A.I.	The Infrared Transmission of thin Films of Various Organic Materials. Journ.Appl.Phys. Febr. 194o
Wilhelm, R.H. und I.B. Smith	Transmittance, Reflectance and Absorptance of Near Infrared Radiation in Textile Materials. Textile Research Journ. 1949 S. 73
Williams, B. und W. Millett	The Effects of Various Ions on the Infra-Red Absorption of Water. Phys.Rev. 66 (1944) S. 6-8
Wright, N. und L.W. Herschel	Recording Infra-Red Analyzers for Butadiene and Styrene Plant Streams. Journ.Opt.Soc.Am. 36 (1946) S. 195-2o2 Analyse organischer Substanzen durch Infrarot-Absorptionsuntersuchungen

VII. Photozellen, Photographie, Bildwandler

Anderson, S., W.I. Anderson und M. Krakowski	Mater-Proofing Rocksalt for Infra-Red Absorption Cells. Rev.Sci.Instr. 21 (1950) S. 575
Auwers, O.v. und Kerschbaum	Über Sperrschichtphotozellen. Ann.d.Physik 5. Folge, Bd. 7 (1930) S. 129-175 Theorie und Experimente zur Frage Ersatzspannungs- oder Ersatzstromquelle, sowie über Abstand des Lichteinfalls von der Elektrode und Vorspannungen
Barnard, G.G.	The Selenium Cell, its Properties and Applications. London 1930 Fachbuch
Bartelt, O.	Die Empfindlichkeitssteigerung infrarotsensibilisierter Platten durch Temperaturerhöhung während der Belichtung. Zs.wiss.Phot. 30 (1932) S. 261-271
Beck, H.	Photographie des Unsichtbaren. Berlin 1936 Fachbuch
Bertrand, I. und Justin-Besançon	La microphotographie en lumière infrarouge. 1 vol. Masson 1928 Fachbuch
Braithwaite, I.G.N.	Infra-Red Photoconductivity of Certain Valence Intermetallic Compounds. Proc.Phys.Soc. 64 (1951) Part 3, S. 274
Brüche, E.	Farbsehen im Infrarot. Phys.Blätter 3 (1947) Heft 3, S. 1 Entwicklung eines deutschen elektronenoptischen Bildwandlers im 2. Weltkrieg. Farbsehen im Infrarotgebiet mit Hilfe rotierender Filterscheiben
Clark, W.	Photography by Infrared. John Wiley and Sons, New York 1946 (2. Aufl.), 472 S., 93 Abb., Literaturverzeichnis mit 992 Nummern
Coggeshall, N.D.	Infra-Red Absorption Cell for Liquids. Rev.Sci. Instr. 17 (1946) S. 343
Colthup, N.B.	Infra-Red Absorption Cell for Quantitative Analysis. Rev.Sci.Instr. 18 (1947) S. 64
Colthup, N.B. und V.Z. Williams	Self-Filling Micro-Infra-Red Absorption Cell. Rev. Sci.Instr. 18 (1947) S. 927
Dechend, W.	Ultrarot-Photozellen und Filter. Elektron 2 (1948) S. 306-309 Nachweisbarkeitsgrenzen, spektrale Empfindlichkeit, Trägheit der Zellen, Filtereinfluß, Glasabsorption

Dechend, W. — Der Elektronenspiegel-Bildwandler. Elektron 3 (1949) 4, S. 152-155
Gegenüber den übrigen Ultrarotdetektoren (Bolometer usw.) vermag der Elektronenspiegel-Bildwandler nicht nur die Richtung, sondern auch die geometrischen Formen eines Ultrarotsenders erkennbar zu machen. Treffen, ähnlich wie beim Ikonoskop, Elektronen einer Glühkathode auf die Photohalbleiterschicht, so wird durch die Ultrarostrahlung ein dem Bilde entsprechendes "Potentialgebirge" hergestellt. Das Potentialgebirge wird mit Elektronen auf einem Leuchtschirm sichtbar gemacht.

Déribéré, M. — Pigments et colorants pour camouflage et photographie infrarouge. La Chimie des Peintures 15 (1952) S. 12o-124
Tarnung und Ultrarotphotographie. Gesichtspunkte, die bei Tarnanstrichen zu beachten sind, damit nicht durch Ultrarotphotographie das getarnte Objekt erkannt wird. Ultrarotreflexion und -absorption an Farbstoffen

Déribéré, M. — La photographie á l'infrarouge. Paris, Montel 1944
Fachbuch

Dieterle, W. — Infrarot-Photographie. Veröffentl. der Agfa I (193o) S. 3o

Dieterle, W. und Riester — Infrarotphotographie jenseits von 1o.ooo ÅE. Zs.Wiss. Phot. 34 (1935) S. 245-25o; Zs. Wiss.Phot. 36 S. 68, 141
Sensibilatoren für Ultrarotplatten

Eckart, F. — Zur Entwicklung von Bildwandlern und Bildverstärkern. Ann.d.Physik 14 (1954) Heft 1/2, 13 S.
Abschätzung des Auflösungsvermögens. Typen. Hinweis auf Infrarot-Bildwandler bei Augendiagnostik

Eggert, J. — Stand der Infrarot-Photographie. Veröffentl. d.Agfa III (1933) S. 136

Ellickson, R.T. — Light Sum of Phosphors under Thermal and Infra-Red Stimulation. Journ.Opt.Soc.Am. 36 (1946) S. 264-268

Ellickson, R.T. — Light storage in infrared sensitive phosphors. Journ.Opt.Soc.Am. 36 (1946) S. 5o1-5o2
Mit Cer bzw. Samarium aktiviertes Strontium-Sulfid. Lichtvorrat etwa 2,6 x $1o^{16}$ Quanten/cm^3

Fonda, G.R. — Preparation and characteristics of zinc sulfide phosphors sensitive to infra-red. Journ.Opt.Soc.Am. 36 (1946) S. 382-388

Fuoss, R.M. — Silver Chloride Windows for Infra-Red Cells. Rev.Sci. Instr. 16 (1945) S. 154

Gebbie, H.A. und E.W. Saker	Properties of Amorphous Selenium in the Infra-Red. Proc.Phys.Soc. 64 (1951) Part 4, S. 360
Gibson, A.F., W.D. Lawson und T.S. Moss	The Long-Wave Limit of Infra-Red Photoconductivity in PbSe. Proc.Phys.Soc. 64 (1951) Part 12, S. 1054
Görlich, P.	Die Photozellen. Leipzig 1951 Fachbuch
Großkurth, K.	Photozellen, Photoelemente und Photowiderstände. Elektron 3 (1949) S. 473-476
Heintz, E.	Deux procédés nouveaux de photographie infrarouge. I und II. Journ.de phys. et le radium 7 (1946) S. 293-299, 336-341 Bewegungen von Flüssigkeiten bei Infrarotbestrahlung. Ausnutzung zu Intensitätsmessungen
Helwich, C.	Die Infrarot-Photographie und ihre Anwendungen. Heesing-Verlag, Bad Harzburg, 2 Aufl. 1937, 225 S. Fachbuch
Herman, R.C., Ch.F. Meyer und H.S. Hopfield	Theory of Electron Retrapping in Phosphors. Journ. Opt.Soc.Am. 38 (1948) S. 999-1007 Mathematische Theorie von Elektronenprozessen in infrarotempfindlichen Phosphoren
Herman, R.C. und Ch.F. Meyer	The Rise in Brightness of Infra-Red Sensitive Phosphors. Journ.Opt.Soc.Am. 39 (1949) S. 729-730 Mathematische Theorie
Herzberg, G. und I.T.W. Spinks	Photographie der zweiten Oberschwingung des HCl bei 1,12 μ mit großer Dispersion. Zs.Physik 89 (1934) S. 474-479 Mit Hilfe der neuen Agfa-Infrarot-Platten kann die zweite Oberschwingung von HCl aufgenommen werden. Folgerungen in Hinblick auf Moleküldaten
Holden, R.B., W.I. Taylor und H.L. Johnston	A Variable Thickness Low Temperature Infra-Red Cell. Journ.Opt.Soc.Am. 40 (1950) S. 757-760
Keck	Halbleiterphotozellen. Optik 1 (1946) S. 42-62 Elektrische Eigenschaften von Halbleitern. Entstehung des inneren lichtelektrischen Effektes durch Gitterstörstellen. Typen und Ausführungsformen von Halbleiterphotozellen. Vergleich ihrer Eigenschaften
Kluge, W.	Fortschritte auf dem Gebiet der lichtelektrischen Photozellen. Zs.techn.Phys. 16 (1935) S. 184-193 Gegenüberstellung der drei Zellenarten. Spektrale Ausbeutekurven. Einige vervollkommnete Ausführungsformen

König	Die Chemie der Sensibilatoren. Zs.wiss.Phot. 34 (1935) S. 15-39
Lange, B.	Die Photoelemente und ihre Anwendung. Johann Ambrosius Barth Verlag, Leipzig 1936 Fachbuch
Lewschin, W.L., W.W. Antonow-Romanowsky und L.A. Tumerman	Untersuchungen über die Phosphoreszenz. II. Beobachtungen der Auslöschung der Phosphoreszenz durch ultrarote Strahlen und ihre Anwendung zum Photographieren im ultraroten Teil des Spektrums. Phys.Zs.Sowjetunion 5 (1934) S. 811-837
Lohmann, E.	Infrarotfotografie. Bild und Ton, Berlin, 4 (1951) 9, S. 275-279
Lyon, D.W. und E.L. Poore	Some New Infra-Red Phosphors. Journ.Opt.Soc.Am. 4o (195o) S. 179-18o Zusammensetzung einiger Oxyde, die bei Infrarot-Bestrahlung Phosphoreszenz im sichtbaren Gebiet zeigen
Mahl, H.	Der Bildwandler. Elektron 2 (1948) S. 26o-268 Wirkungsweise, Herstellung von Bildwandlerröhren, Leuchtschirm, Abbildungssystem, Besprechung des Bildwandlerzubehörs und der Anwendungen
Mecke und Zobel	Untersuchungen über Sensibilisierung und Hypersensibilisierung ultrarotempfindlicher Schichten. Zs.wiss.Phot. 36 (1937) S. 59-68 Untersuchung der Empfindlichkeit selbsthergestellter und handelsüblicher Infrarotplatten mit Hilfe eines Graukeilsensitometers von Eder-Hecht. Verfahren zur Hypersensibilisierung
Meidinger	Infrarot-Photographie. Fortschr. Photogr. 2 (194o) S. 433-456 (In: Erg. angew. Physik Chem. Bd. 6)
Mess, C.E.K.	The Color Sensitivity of Photographic Materials. Journ.Frankl.Inst. 2o1 (1926) S. 525-551 Empfindlichkeitssteigerung photographischen Materials für das Infrarot-Gebiet; Infrarot-Photographie in der Astronomie
Michelsen	Infrarotempfindliche Zellen. Zs.techn.Physik 11 (193o) S. 511-515 Herstellung infrarotempfindlicher Selen-Tellur- und Thalliumsulfid-Zellen. Meßergebnisse über die spektrale Verteilung ihrer lichtelektrischen Empfindlichkeit. Anwendungen für unsichtbare, scharf gebündelte Telegraphie und Telephonie
Mohler, N.M.	Photographic Penetration of Haze. Journ.Opt.Soc.Am. 26 (1936) S. 219-22o

Photographien mit panchromatischen und infraroten Platten bei starkem Dunst, leichtem Regen und an klaren Tagen. Die Meßergebnisse lassen für leichten Dunst auf eine Teilchengröße von o,3 μ schließen

Moss, T.S. — Infra-Red Photoconductivity in Layers of Tellurium and Arsenic. Proc.Phys.Soc. 62 (1949) Part 4 S. 264

Moss, T.S. — The Temperature Variation of the Long-Wave Limit of Infra-Red Photoconductivity in Lead Sulphide and Similar Substances. Proc.Phys.Soc. 62 (1949) Part 11, S. 741-748
Einfluß der Kühlung auf die Wellenlängengrenze der Empfindlichkeit

Moss, T.S. — The Ultimate Limits of Sensitivity of Lead Sulfide and Telluride Photo-Conductive Detectors. Journ.Opt.Soc. Am. 4o (195o) S. 6o3
Theoretische Grenzen der Empfindlichkeit, Abhängigkeit von der Temperatur der empfindlichen Schicht und dem Verlauf der spektralen Empfindlichkeitskurve

Naumann, H. — Über eine Methode zur Bestimmung der Schnittweite und der Brennweite photographischer Objektive für Ultrarot. Optik 1o (1953) S. 413-422

Neu, J.T. — Construction of a Dual Beam Heated Infra-Red Cell. Journ.Opt.Soc.Am. 43 (1953) S. 52o-521

O'Brien, B. — Development of infrared sensitive phosphors. Journ.Opt. Soc.Am. 36 (1946) S. 369-371
Einleitung zu: Urbach, Pearlman, Hemmendinger: On infrared sensitive Phosphors (1946) und: Fonda: Preparation and characteristics ....

Rahts, W. — Photographie mit ultraroten Strahlen. Zs.VDI 78 (1934) S. 584-586

Rank, D.H. und D.C. Cronemeyer — Infrared Absorption Characteristics of Thermiated Germanium. Phys.Rev. 9o (1953) S. 2o2-2o3
Starke Infrarot-Absorption von Germanium

Rollin, B.V. und E.L. Simmons — Long Wavelength Infra-Red Photoconductivity of Silicon at Low Temperatures. Proc.Phys.Soc. B 65 (1952) Part 12, S. 995

Sachtleben, R. — Sehen mit Infrarot. Elektron 2 (1948) S. 63-68
Allgemeines über Gesamtgebiet der Anwendungen. Photographie, Nachrichtentechnik; Bildwandler

Schaffernicht — Der elektronenoptische Bildwandler. Zs.techn.Physik (1936) S. 596-6o4
Verschiedene Typen. Aufnahmen aus Spektroskopie und Mikroskopie als Anwendungsbeispiele

Schaffernicht	Der Bildwandler. Phys.Blätter 4 (1948) S. 4-1o Anforderungen an Photoschicht und Leuchtschirm. Abbildungssysteme. Vergrößerung, Auflösungsvermögen. Aufgaben und Weiterentwicklung des Bildwandlers
Schmieschek	Der photographische Infraroteffekt von Silbersulfid. Zs.wiss.Phot. 4o (1941) S. 219-228 Ein neuer, dem Widerstandsphotoeffekt koordinierter photographischer Effekt, der darin besteht, daß Bromsilberkörner in Gelatine durch partielle Sulfidierung infrarotempfindlich werden. Die Infrarotempfindlichkeit erstreckt sich dabei bis etwa 1,1 μ
Schröter, F. und F. Michelsen	Infrared Sensitive Cells. Aus: Photo-electric cells and their applications. London 193o <u>Fachbuch</u>
Schwabe, E.	Bestimmung von Oberflächentemperaturen durch Infrarotphotographie. Elektrowärme 11 (1941) Heft 4, S. 65
Scott, F.R. R.H. Thompson und R.T. Ellickson	Inertia Effects in Infra-Red Sensitive Phosphors. Journ.Opt.Soc.Am. 39 (1949) S. 64-67 Messungen über die zum Erreichen des Helligkeitsmaxiums benötigte Zeit bei infrarotempfindlichen Phosphoren. Die Helligkeit wächst schneller als die Bestrahlungsintensität
Simard, G.L. und I. Steger	A High Temperature Sodium Chloride to Glass Vakuumseal for Infra-Red Cells. Rev.Sci.Instr. 17 (1946) S. 343
Smith, R.A.	Infra-Red Photo-conductors. Advances in Physics, Supplement of the Phil. Mag., 7, July 1953
Tetzner, H.	Die Photographie in der Kriminalistik. De Gruyter & Co. Berlin 1949, 152 S., 51 Abb. <u>Fachbuch</u>
Thompson, W.H. und D.H. Whiffen	Sources of Radiation and Absorption Cells. Trans.Farad. Soc. 41 (1945) S. 18o-181
Urbach, F.	Infrarot-Photographie. USA-Pat. 2 482815, 26.3.1946, 27.9.1949 Herstellung von Infrarot-Bildern durch Zwischenschalten eines Phosphoreszenzschirmes
Urbach, F., D. Pearlman und H. Hemmendinger	On Infra-Red Sensitive Phosphors. Journ.Opt.Soc.Am. 36 (1946) S. 372-381
Watts, B.N. und L.J.B. Husband	A Simple Infrared Photocell Relay. Rev.Sci.Instr. 23 (1952) S. 5o2 Infrarot-Photozelle zur Relaiskontrolle

VIII. Nachrichtentechnik und Navigation

Buckingham, W.D., C.R. Deibert und R.V. Morgenstern — Lichtstrahltelephonie. Electr.Eng. 66 (1947) S. 975-979

Gaertner, H. — Probleme der thermischen Ortung. Zs. VDI 95 (1952) S. 1141-1146

Gaertner, H. — Geräte und Anwendungen der thermischen Ortung. Zs. VDI 95 (1952) S. 1177
Physikalische Grundlagen der thermischen Ortung, Vorteile gegenüber anderen Verfahren. Anwendungen während des 2. Weltkrieges

Großkurth, K. — Telephonie mittels Lichtwellen. Elektron 1951, 8 S.
Indirekte Modulation. Modulation des Speisegleichstromes. Bedeutung der Lichtwellentelephonie beim Tonfilm. Verwendung von Hg-Höchstdrucklampen. Bedeutung der Lichtwellentelephonie in der Fernmeldetechnik und im Bergbau

Gresky, G. — Verkehrssicherung und Nachrichtenübermittlung mit ultraroten Strahlen. Radio-Helios 7 (193o) S. 69-72

Gresky, G. — Ultrarote Strahlen in der Nachrichtentechnik und im Sicherungswesen. Zs. VDI 75 (1931) S. 127o-1274
Meßverfahren, Empfang, Eigenschaften der Infrarotstrahlung. Technische Anwendungen; Nachrichtenübermittlung, Empfang, Wärmesuchgerät, Sicherungswesen, Verkehrsregelung

Gresky, G. — Über die Verwendung sichtbarer und unsichtbarer, insbesondere ultraroter Strahlen für die Nachrichtenübermittlung und Verkehrssicherung. Phys.Zs. 32 (1931) S. 193-212
Erzeugung und Nachweis der Strahlungen. Ausbreitung, insbesondere Beeinflussung durch atmosphärische Bedingungen. Optische Telephonie. Sender, Empfänger, Reichweiten. Wärmesuchgerät

Huxford, W.S. und I.R. Platt — Survey of Near Infra-Red Communication Systems. Journ. Opt.Soc.Am. 38 (1948) S. 253-265

Köhler, H. — Die Lichtmodulation wechselstromgeheizter Glühlampen im Tonfrequenzgebiet. ENT 15 (1938) S. 111-116 und 154-16o
Aufstellung einer Differentialgleichung, deren Lösung die Temperaturmodulation für ideale Wolframfäden gibt. Äußere Einflüsse auf die Modulation (Halteelektroden, Gashülle), Modulation des Lichtes temperaturmodulierter Wolframfäden

Majorana, Q. — Telefonia ottica mediante radiazioni ultraviolette al ultrarosse. Linc.Rend. 9 (1929) S. 924

Ochmann, W. — Ultrarotortung mit Bleisulfidzellen. Elektron 3 (1949) S. 96-1o1
Aufbau und Arbeitsweise zweier Geräte mit Bleisulfidzelle

Rolla, L. und L. Mazza — Sistemi di telegrafia e di telefonia per mezzo di fasci di radiazioni infrarosse. Linc.Rend. 11 (193o) S. 19-26

Schröter, F. — Hertzsche und infrarote Strahlen als Nachrichtenmittel. ENT 7 (193o) S. 1-14
Modulation, Detektoren; Anwendung für Navigation, Nachrichtentechnik, Sicherung

Wood, R.W. — Communications secrètes au moyen de rayons lumineux. Journ. de Physique 9 (1919) S. 77-9o

IX. Kontroll- und Steuertechnik, Sicherungswesen

Baumgartner, A.	Sicherungsanlagen gegen Einbruch und Diebstahl. Elektropost 24 (1952) S. 450-452 U.a. Behandlung der Lichtschranke mit Infrarotfilter
Devine, I.M.	Application of Continous Infra-Red Analyzers. Instruments 24 (1951) 11, S. 1296-1299 und S. 1340-1341 Besprechung der beiden bisher bekannten Ausführungen des Ultrarot-Absorptionsschreibers. Anwendungen
Fastie, W.G. und A.H. Pfundt	Selective Infra-Red Gas-Analyzers. Journ.Opt.Soc.Am. 37 (1947) S. 762-768 Entwicklung der Gas-Analyse durch Infrarot-Absorptionsuntersuchungen. Beschreibung eines neuen Instrumentes
Happel, W.I. und N.D. Coggeshall	Instrumentelle Ausrüstung einer Meßanlage für automatische Infrarot-Gasanalyse. Instruments 23 (1950) 6, S. 552-556 Infrarot-Analysenschreiber, der auch bei rauher Behandlung sichere Arbeitsweise, unveränderliche Meßempfindlichkeit und Meßgenauigkeit aufweist, ohne besonderen Wartungsaufwand zu beanspruchen
Kivenson, G., R.T. Steinback und M. Rider	An Infra-Red Chopped-Radiation Analyzer. Journ.Opt. Soc.Am. 38 (1948) S. 1086-1091 Anwendung besonders für Pflanzenanalysen und Kontrollprobleme möglich
Lorenz, I.	Erfahrungen mit dem Ultrarot-Absorptionsschreiber "Uras" zur Bestimmung des Kohlenoxydgehaltes der Abgase von Gasfeuerstätten. Gas- und Wasserfach 9/10 (1953) S. 248-250
Luft, K.F.	Über eine neue Methode der registierenden Gasanalyse mit Hilfe der Absorption ultraroter Strahlen ohne spektrale Zerlegung. Zs.techn.Physik 24 (1943) S. 99-104
Müller, H.	Zur Regelung der Temperatur in Öfen und Wärmegeräten. Zs.ETZ 73 (1952) S. 248-249 Regler für elektrische und nicht-elektrische Öfen

X. Trocknung

Ackermann, R. — Das Trocknen im Laboratorium und Betrieb. Elektrowärme-Technik 2 (1951) S. 37-38
Gegenüberstellung von Ventilator-Trockenschrank, Vakuum-Trockenschrank, Umwälz-Trockenschrank und Infrarot-Trockenanwendung

Andrew, L.W. und E.A.C. Chamberlain — Radiant Heating for Industrial Processes. Journ.Inst.Fuel Wortime Bull. 1944, 7, S. 41-54

Atkin, F.L. — Infra-Red Drying. The Gas Times 16. Sept. 1944, Suppl. S. II/XVI

Beakes, H.L. — Heat Absorption of Chemical Pigments Using the Hall Infra-Red Lamp. Kentucky Color and Chemical Co. Lousville 1941

Beggs, E.W. — Quicker Drying with Lamps. Factory-Management and Maintenance 97 (1939) July

Belikow, A.N. — Infrarotheizung beim Stanzen von Gegenständen aus Magnesiumlegierungsblechen. Vestn.Masiostroenija 33 (1953) 1, S. 64-66

Beltram, M. — L'industrie du séchage des fruits et des legumes an Algérique. Algeria suppl. économique n° 52, décembre 1941

Bennet, H.I. und H. Haynes — Paint Backing with Near Infra-Red. Chem.Metall. Eng. 47 (194o) S. 1o6-1o8

Berlepsch-Valendas, W.v. — Die Infrarotstrahlung und ihre industrielle Anwendung. Bull.Schweiz.El.Ver. 43 (1942) S. 118-126
Strahlertypen (Heizung durch Gas, Elektrizität, Dampf). Vorteile der Strahlungstrocknung gegenüber Konvektion

Berlepsch-Valendas, W.v. — Die Anwendung der Infrarotstrahlung bei der Trocknung von Geweben und bei der Aushärtung von Kunstharzen auf Geweben unter besonderer Berücksichtigung der Faserschonung. Mell. Text.Ber. Heidelberg 31 (195o) 1o, S. 71o-713

Berlepsch-Valendas, W.v. — Radiant Glass Heatung Ups Oven Efficiency. Electrical World Albany-New York 134, (195o) 11, S. 154

Berlepsch-Valendas, W.v. — Sobre la coecione y secado de sardinas con infra-rojo. Industria Conserva, Madrid, 16 (195o) 136, S. 228-23o

Bitzer, W.	Trocknen mit Infrarotstrahlen. Gas- und Wasserfach 88 (1947) S. 14o-141 Zusammenfassender Bericht. Beschreibung eines gasbeheizten Infrarot-Trockners
Boler, jr. W.J. und I.W. Morrison	Radiant Heat Speeds Burlap Drying 35 per cent. Textil Age, January 1941
Bosse, E.	Die Verwendung der Strahlungswärme in Autolackierereien. Industrie-Lackierbetrieb 21 (1953) S. 159-161 Beispiele. Kostenberechnung. Beschreibung von Trokkenkabinen
Brügel, W.	Die physikalischen Grundlagen der Trocknung mit Ultrarot. Farbe und Lack 56 (195o) S. 47-54 Theoretische Einführung in das Problem der Trocknung
Brügel, W.	Die Technik der Ultrarot-Trocknung. Industrie-Lackierbetrieb 18 (195o) S. 77-82 Hell- und Dunkelstrahler. Emissionskurven. Form und Anordnung der Strahler. Länge der Trockenzeiten. Wirtschaftlichkeit
Brügel, W.	Über die Kennzeichnung von Ultrarot-Trocknungsanlagen. Farbe und Lack 57 (1951) S. 528-531 Vergleich von Infrarot-Strahlern. Charakteristische Daten für Strahler und Trocknungsanlagen, die einen Vergleich verschiedener Typen ermöglichen
Brügel, W. und A. Vlachos	Systematische Untersuchungen zur Härtung von Kunstharzlacken mittels ultraroter Strahlung. Farbe und Lack 58 (1952) S. 475-483 und S. 523-532 Versuchsbericht mit Zahlenangaben und graphischen Darstellungen
Budig, K.H.	Über die Anwendungsmöglichkeiten infraroter Strahlen in der Gummiindustrie. Kautschuk und Gummi 7 (1949) S. 213-216 Eigenschaften der infraroten Strahlen. Konstruktionen und Wirkungsweise der Philips-Strahler. Anwendungsmöglichkeiten in der Gummiindustrie
Chenevier, R.	Le séchage par rayonnement infrarouge. L'illustration n° 521o, S. 23, 16.Jan. 1943
Clark, H.A.	Drying with Infra-Red Radiation (Comparing Industrial Heating by Gas und by Electricity). American in Gas Journal 194o
Crossman, F.M.	Textile Drying Applications of Radiant Heat, Cotton, May 1943
Danninger, A.	Beitrag zur Papiertrocknung in der Papiermaschine. Der Papierfabrikant 1935, S. 329-332

Mc Daniel, H.C. Selling Drying Lamps for Faster Motor Repairs. Wholesaler's Salesman Sept. 1942

Déribéré, M. L'emploi des Rayons infrarouge dans les séchages industrielles. Chim. et Ind. 45 (1941) S. 541-550

Déribéré, M. Calcul des Installations de séchage par rayons infrarouges. Rev.gén.Electr. 50 (1941) S. 25-33

Déribéré, M. Les Lampes de séchage par rayonnement infrarouge. Rev. gén.Electr. 49 (1941) S. 371-376

Déribéré, M. Le séchage par rayonnement infrarouge. (historique et principe). Électricité 26 (1942) 81, 82, 84, S. 1-8, 33-38, 82-87

Déribéré, M. Procedé de séchage par rayonnement infrarouge et son application au séchage des imprégnations isolantes. Bull.Soc.Franc.Électr. 2 (1949) S. 170-176

Déribéré, M. Le séchage des Fruits et légumes par les rayons infrarouges. Le génie rural. Juni 1942

Déribéré, M. Le séchage de la caséine par rayonnement infrarouge. Le Lait 23 (1943) nos. 229-230, S. 289 oct - déc. 1943

Déribéré, M. Installations pour séchage par rayonnement infrarouge. Rev.gén.Électr. 52 (1943) S. 14-16

Déribéré, M. Sur le mécanisme du séchage par rayonnement infrarouge. Bull.Soc.Franc. Électr. 6e série 3 (1943) 31, S. 377-380

Déribéré, M. Quelques applications en raffinerie et en sucrerie du séchage par rayonnement infrarouge. Bull.Assoc.Chim. Sucrerie et Distillerie No. 3/4, April/Mai 1944

Déribéré, M. Le séchage des produits agricoles par les rayons infrarouges. Bull.ind.agric. No. 133, 13, Jan. 1944

Déribéré, M. Dessiccation des produits alimentaires par les rayons infrarouges. Alimentation 4 (1946) Jan., S. 19-24 Vorteile der Infrarot-Trocknung. Günstige Anordnungen (Schichtdicke, Abstand der Trockenlampen vom Gut). Trockenzeiten, Energie pro/kg. Trocknung von Gemüse und Nährmitteln. Backen und Rösten mit Infrarot

Déribéré, M. Le séchage par rayonnement infrarouge et son application aux produits du meunerie. Bull.Assoc.Anc.El.Ec.Franc. de Meunerie, No. 93, Mai/Juni 1946

Déribéré, M. Séchage de l'orge par rayonnement infrarouge. Bull. Assoc.Chim.Sucrerie et Distillerie, No. 5/6/7, S. 206 Mai/Juli 1946

Déribéré, M. Le séchage par rayonnement infrarouge. Elektrizitätsverwertung 21 (1946/47) S. 262
Allgemeine Theorie der Infrarot-Heizung. Günstige Wellenlängen. Reflexion und Absorption verschiedener Stoffe. Anwendungsmöglichkeiten. Strahlertypen

Déribéré, M. Quelques applications de traitement, de séchage et de cuisson par lampes à rayonnement infrarouge. Rev. gén. Électr. 56 (1947) S. 71-74

Déribéré, M. La désamérisation du soya. Revue Intern.Soya 7 (1947), 35/36, S. 18

Déribéré, M. Dispositifs à rayons infrarouges pour la concentration et le séchage de sirops et liquides. Revue Produits Pharmaceutiques 2 (1947) 9, S. 4o7

Déribéré, M. Procédés modernes dans le séchage du sucre. Revue Chauffage Électrique 1947, S. 57, Juni/August

Déribéré, M. Infrarottrocknung in der Nahrungsmittelindustrie. Elektrizitätsverwertung 22 (1947/48) S. 171-176 und S. 2o5-21o
Trocknung von Milchprodukten, Eiern, Zucker; Altern von Wein, Pasteurisierung von Milch, Backen von Biskuits

Déribéré, M. Neue Infrarot-Trockenapparate. Rev.Techn.Ind.Cuir. 42 (195o) 5, S.93

Déribéré, M. Le traitement par lampes à rayonnement infrarouge où service de l'industrie. L'Usine Nouvelle, Paris 6 (195o) 2o, 38

Dielewicz, K. Lacktrocknung durch Infrarot-Flächenstrahler. Industrie-Lackierbetrieb 17 (1947) S. 177-181

Donovan, D. Finishes Designed for Infra-Red. Electr.World New York 116 (1941) S. 727

Duchêne, R. Chauffage à basse température par tubes radiants. Journ. des Usines à Gaz 1945, Nr. 8, S. 55

Duchêne, R. Le chauffage des fours boulangers par tubes radiants. Journ.des Usines à Gaz 1946 Nr. 1o, S. 132

Duchêne, R. L'utilisation industrielle de l'infrarouge. Chaleur et Ind. 255, Oct. 1946

Eeles, E. Infrarouge contre convection. Gaz Journ. 246 (1945) S. 339-341

Engels, K. Die Wärmetrocknung von Lacken technisch gesehen. Farbe und Lack 58 (1952) S. 22-28

Ernst, R.C. und E.F. Schumacher — Infrared Radiant Heat Baking of Enamels. Ind.Eng.Chem. 36 (1944) S. 1132

Fabry, Ch.W. — Die Infrarot-Trocknung. Industrie-Lackierbetrieb 18 (195o) S. 118-12o
Ungleichmäßige Lacktrocknung bei räumlichen Gebilden. Überwindung dieses Fehlers durch Einsatz von Dunkelstrahlern. Technische Einzelheiten über Dunkelstrahler. Forderungen an einen Infrarot-Trockner

Faure, A. — La dessication industrielle des deurées végétales.Conf. Maison de la chimie, 16. April 1942

Fourné, F. — Moderne Automobillackierung. Industrie-Lackierbetrieb 19 (1951) S. 83
Lackieren, Trocknen und Polieren der Wagen nach beendeter Montage. Strahler: Philips 25o W

Fourné, F. — Moderne Textiltrocknung. Textilpraxis 6 (1951) S. 592-595
Allgemeines zur Textiltrocknung. Einfluß der infraroten Strahlen auf Textilien

Fourné, F. — Wirtschaftliches Trocknen. Textilpraxis, Stuttgart S (1951) 4, S. 278-289
Energieverbrauch beim Trocknen. Trocknungsarten

Fourné, F. — Infrarot-Trocknung in der Textilindustrie. Jahrbuch der deutschen Textilindustrie (1953) S. 297-31o

Fournier, P. und A. Digand — Les vitamines au cours du séchage des aliments par les rayons infrarouges. Bull.soc.Sc.Hyg.Alimentaires 32 (1944) No. 1o-12

Friedman, S.I. — Drying. Ind.Eng.Chem. (Jan. 1946) S. 22-25
Infrarot-Hochfrequenz, Sprühtrocknung und andere Trocknungsarten. Trocknen von Lebensmitteln

Garber, H.I. und F.M. Tiller — Infrared Radiant Heating. Ind.Eng.Chem. 42 (195o) S. 456

Geiss, W. — Trocknen mit infraroten Strahlen. Elektrizitätsverwertung 2o (1945/46) S. 287-293

Geschwind, J.F. — Infrared Versus Convection. Industr.Finshing 21 (1945) No. 11, S. 46

Ghilardi, M. — Séchage par les rayons infrarouges et rayons solaires. L'Usine No. 29, 1o, 23. Juli 1942

Goodell, P.H. — Faster Baking and Drying with Infrared Heat I und II. Electrical World 1947, June 21, S. 58 und July 5, S. 72-77
Bau von Trockentunneln. Wirkungsweise, energetische Verhältnisse, graphische Darstellung praktisch wichtiger Zusammenhänge

Gottberg, v. — Möglichkeiten der Infrarottrocknung für die Oberflächenbehandlung. Industrie-Lackierbetrieb (1951) Heft 9, S. 160-162
Infrarotstrahlung und Oberflächentrocknung. Vergleich von Infrarot- und Umlufttrocknung. Bauarten und Sicherheitsvorrichtung

Gould, R.E., B.B. Evans und A.M. Flannigan — The Use of Infra-Red in Drying Pottery. Bull.Am.Ceramic. Soc. (1945) 28, S. 62-65

Grandjean, R. — La deshydration des produits alimentaires par les lampes infrarouges. Carnet de l'économe, no. 97, April 1943

Grantham, F.W. — Drying of Inks by Infra-Red Rays. Inland-Printer, Sept. 1940

Grapnel, S.L. — Infra-Red Drying of Textiles. Textile Research, August 1943

Grapnel, S.L. — New Facts of Infra-Red Drying. Textile World, August 1943

Grassmann, W. — Aufgaben der Infrarot-Trocknung. Elektrizitätsverwertung 25 (1950/51) S. 86-88
Grundsätzliches zum Bau von Trockenanlagen. Vorteile der Infrarot-Trocknung

Groslier, M. — Enquête sur la conservation des fruits. Rapport présenté aux Journées d'information syndicale au Syndicat des producteurs et distributeurs d'énergie électrique, 4 an, 10 juin 1942

Groven, F.I. — Trockenkammer mit Infrarot-Heizung. Franz.Pat. 951 245.- 20.9.1945
Gute Ergebnisse mit Lampenblenden aus perforiertem Blech

Le Gueu, G. — L'utilisation rationelle des radiations infrarouges de séchage. Electricité 28 (1944) 105, S. 1-8

Haas, H. — Die Infrarottrocknung in der Textilveredelungsindustrie. Mell. Text.Ber. 30 (1949) S. 369-372

Haas, H. — Sonderverfahren in der Gewebetrocknung. Mell.Text.Ber. 31 (1950) S. 781-784

Haas, H. — Vorrichtung zur wirksamen Ausnutzung der Wärmestrahlung in Strahlungstrocknern. Patentanmeldung. Genannt in Industrie-Lackierbetrieb 19 (1950) S. 15
Auf der den Strahlungskörpern gegenüberliegenden Seite des Behandlungsgutes ist eine reflektierende Fläche angeordnet, welche die das Behandlungsgut durchdringenden Strahlen wieder zurückwirft

Hall, J.D. — Infrared Heating for Industrial Applications. Wholesaler's Salesman, Sept. 1942

Hall, J.D. How to Use Radiant Heat. Supervision, März 1941

Hall, J.D. Radiant Heat and its Applications. Paper Trade Journ. März (1942) Industr. Heating, Febr./März (1942)

Ham, N.S. Infra-Red Studies of Solvents Effects. Nature, London 169 (1952) 429o, S. 11o-111

Hayman, R.F. Recent Developments in Radiant Heating for Industrial Processes. London and Southern District Junior Gas Assoc. (1946) 36 S.
Strahlungsquellen. Temperaturmessung und Kontrolle. Lufttemperatur im Strahlungsheizungs-Tunnel. Anwendungsmöglichkeiten und Grenzen der Strahlungsheizung

Hayman, R.F. Town's Gas for Drying by Radiant Heat. Min.of Fuel and Power Conference. Fuel and the Future, 8. Okt. 1946

Haynes, H. The Use of Radiant Energy for the Application of Heat. Illum.Eng. 36 (1941) S. 61-78

Haznadaroff Le séchage par rayonnement des chouches de vernis et de surfaces humides. Rev.Générale de l'Electricité, Okt. 1945

Hendricks, H. Infrarot-Strahlen bei der Schuhbesohlung. Siemens-Z. 26 (1952) S. 148
Eine Anlage mit Osram-Lampen

Herbert, H. Infrarot-Trocknung von Formen und Kernen. Gießerei 39 (1952) S. 517-518
Bericht über eine Veröffentlichung der Forschungsabteilung des Centre Technique

Herbig, W. Erfahrungen mit neuartigen Trockenmethoden. Industrie-Lackierbetrieb 17 (1949) S. 141
Infrarottrocknung, Trocknung durch Mittel- und Hochfrequenz

Herbig, W. Erfahrungen mit neuartigen Trockenmethoden.Farbe und Lack 55 (1949) S. 367-369

Herbig, W. Infrarottrocknende Lacke. Maschine und Werkzeug 51 (195o) 41, S. 819
Zweckmäßige Auswahl nicht nur der Strahler, sondern auch der Werkstoffe. Trocknungszeiten bei Warmluftöfen und verschiedene Arten der Infrarot-Strahlung für eine Reihe von Lacken

Hess, F.O. The Revolution in Industrial Heating. Am.Gas-Assoc. Monthly, New York, Dezember 1943

Hirsch Trockentechnik. Springer, Berlin 1927
Fachbuch

Hoffmann, G. — Lack und Lackfarben in der Bleistiftindustrie. Industrie-Lackierbetrieb 19 (1951) S. 177-179
U.a. Frage nach Einsatz der Infrarottrocknung

Hoffmann, G. — Die Blechlackierung. Industrie-Lackierbetrieb 19 (1951) S. 215-218

Hurson, P. — Le séchage ménager des fruits et légumes. Rapport syndicat des producteurs et des distributeurs d'énergie électrique 4, 1o. Juni 1942

Ickes jr., L.S. und H. Haynes — Trocknung mit Infrarot-Strahlung. Gen.Electr.Rev. 42 (1939) S. 145-149. Auszug: Zs.ETZ 61 (194o) S. 155

Ilzhöfer, H. — Die Infrarot-Strahlung und ihre praktische Anwendung in der Industrie. Elektrotechnik (Elektromarkt) 35 (1953) Heft 44, S. 26-27
Anwendung von Trockenlampen in Beispielen

Jackson, R.K. — Infra-Red Reflecting Pigments. Am.Dyestuff.Res.Inst. New York 1943

Jubitz, W. — Die Anwendung der Infrarot-Strahlung in der Industrie und Therapie. Elektrotechnik 5 (1951) S. 99-1o2, 151-157
Theoretische Einleitung. Strahlungsfeld des Infrarotstrahlers. Verhalten der Körper im Strahlungsfeld. Anwendungsmöglichkeiten

Jubitz, W. — Übersicht über den Stand des Strahlungsofenbaus im In- und Ausland. Elektrotechnik 6 (1952) S. 84

Jubitz, W. — Über die Fortschritte der Trockentechnik durch Infrarotstrahlung im In- und Ausland. Elektrotechnik 6 (1952) S. 17-23
Übersicht über die verschiedenen Strahlertypen, ihre Vor- und Nachteile

Kalpers, H. — Einrichtung zum Lacktrocknen mit Infrarot-Strahlen. Industrie-Lackierbetrieb 18 (195o) 8, S. 14o-142
Strahlertypen und ihre Anwendungsgebiete

Kalpers, H. — Das Trocknen von Lacküberzügen. Mechanik und Maschinenbau 2 (1951) Nr. 9

Kaufmann, O. — Die industrielle Anwendung der Strahlungserwärmung. AEG Mitt. 41 (1951) S. 111-113

Kiefer, E. — Stand der Warmlufttrocknung. Zs. VDI 94 (1952) S. 437-44o
Schwierigkeiten der Trockentechnik. Kombination von Warmluft- und Strahlungstrocknung

Klingenberg, G. Das Trocknen der Kette beim Schlichten. Textilpraxis 5 (1950) S. 37-40
Eine Anwendungsmöglichkeit der Infrarottrocknung in der Textilindustrie

Knull, B. Erwärmung und Trocknen durch Infrarotstrahlung der Glühlampen. Der Elektrofachmann 1952 S. 40-43
Arbeitsweise und Ergebnisse der Infrarotstrahlung. Beispiele von Anlagen

(Kodak Ltd.) Infrared Drying for Camera Bodies. Ind.Heat.Engineer, London, 12 (1950) 54, S. 141-142

Körner, H. Infrarot-Trocknung in der Textilindustrie. Textil-Praxis 1, (1950) S. 67
Betriebliche Meßergebnisse über den Energieverbrauch bei der Trocknung von Textilien. Knitterfestausrüstung. Verschiedene Wärmestrahler

Körting, I. Infrarotstrahlung in der Industrie-Gasverwendung. Der Gasverkauf 1 (1950) Nr. 11/12, S. 33-35
Erfahrungen und Ergebnisse bei der industriellen Anwendung der Infrarotstrahlung

Körting, I. Kerntrocknung mit strahlender Wärme. Gas- und Wasserfach 91 (1950) S. 198
Bericht über englische Versuche

Kolbe, E. Der Einfluß der Wellenlänge bei der Infrarot-Trocknung. Elektrotechnik 6 (1952) Nr. 1, S. 11-17

Kronstein, M. Die Anwendung der Infrarot-Spektroskopie zum Studium der trocknenden Öle und einiger plastischer Massen. Schweizer Verein.Lack- und Farbenchemiker Bull. 10 (1950) S. 4-14
Veränderungen in der spektralen Absorption einer Substanz bei Übergang vom flüssigen zum festen Zustand

Krupp, P.H. Can Infrared be Used in the Graphic Arts. The Graphic-Arts-Monthly, Mai 1946

Landfermann, C.A. Untersuchungen über die Absorptionseigenschaften von Farbanstrichen und den Erwärmungsvorgang bei Strahlungstrocknung. Metalloberfläche 3 (1949) S. 126-130

Landfermann, C.A. Strahlung oder Konvektion als technische Erwärmungsverfahren? Ein theoretischer Vergleich. Gas- und Wasserfach 91 (1950) S. 149-151
Versuch, durch Kombination von Strahlung und Konvektion kürzeste Erwärmungsdauer zu erzielen

Landfermann, C.A. Grundsätzliches zur Strahlungstrocknung. Gas- und Wasserfach 91 (1950) S. 196-198
Vorteile und Anwendungsmöglichkeiten

Lauster, F. Infrarot-Strahlungskochplatte. Elektropost 3 (195o) S. 163
Kochplatte, bei welcher die Wärme durch Strahlung übertragen wird

Lauster, F. Entwicklungsmöglichkeiten der Infrarot-Strahlen-Technik. III. Int.Elektrowärme Kongress Paris 1953 Sec. 4

Lauster, F. Physik und Technik der Infrarot-Strahlung. Elektrowärmetechnik (195o) Nr. 2, S. 37-43

Lauterbach, H. Geeignete Lacktypen und Lackierverfahren für die Osram Siccatherm-Trocknung. Neue Deutsche Lackierzeitung (1953) Heft 4, S. 8

Lécomte, I. L'infrarouge et la dessication des substances alimentaires. Conf.Arts. et Métiers, 6. Dez. 1943

Lewis, H. Bibliography of Published Information on Infra-Red Heating. Ministry of Aircraft Production 1945

Linden, A. v.d. und L.J. Keijzer De toepassing van de infrarood-droejing met gasovens in Nederland. Het Gas 7o (195o) S. 222-225

Lohausen, K.A. Elektrische Lacktrocknung mit Warmluft und Wärmestrahlung. Zs. ETZ 66 (1945) S. 5-8 und 33-36
Wärmeverluste durch die Notwendigkeit, Lacktrockenöfen stark zu durchlüften. Strahlungstrockenöfen wirtschaftlicher, ev. Verbindung beider Trockenverfahren

Lohausen, K.A. Lacktrocknung mit Wärmestrahlung. Metalloberfläche 2 (1948) S. 257-261
Vorgänge bei der Lacktrocknung. Vergleich von Infrarot- und Warmluftofentrocknung. Energieverhältnisse. Erfahrungen beim Lacktrocknen

Lohausen, K.A. Wärmebehandlung mit Infrarotstrahlen in Industrie und Handwerk. Zs. VDI 92 (195o) S. 315-322

Long, C.R. Trocknen ausgedehnter Fadenlängen mit Infrarot-Lampen. Journ.Soc.Dryer Colourists 65 (1949) Nr. 4, S. 174

Lück, G. und Ch. Alt Grundlagen der Probleme der Strahlungstrocknung. Allgem. Wärmetechnik 3 (1952) S. 58-66
Theoretische Grundlagen. Verhalten des Trockengutes im Strahlungsfeld

Mackadam, A.C.F. Industrial Infra-Red Heating by Gas. Gas Journ. 154 (1948, II) S. 272-278
Trockenzeiten. Mögliche Anwendungsgebiete der Strahlungstrocknung

Maes, E. und M. Bauwen — Influence des rayons infrarouge sur la conservation des germes de blé. Bull.Ec.Meun.Belge 13 (1951) Nr. 6, S. 125-133

Manders, Th.I.I.A. — Drogen met infraroode stralen. Derde electro warmte congres te Arnhem 9. Okt. 1943
Van de Stichting Nederlansch Institut voor Electrowarmte en Electrochemie

Manders, Th.I.I.A. — Infrarot-Strahlung und ihre praktische Anwendung in Industrien. Elektrizitätsverwertung 21 (1946/47), Heft 11/12, S. 3-2o

Mann, C.P. — Radiant Gas Heat in Baking Curing and Drying Operations. Proceedings of the American Electroplaters Society, Juni 1943

Martens, H. — Berechnung und Einrichtung von Ultrarot-Trocknungsanlagen. Farben, Lacke, Anstrichstoffe 4 (195o) S. 2o3-2o6

Maxted, R. — Infra-Red Radiation and Equipment. - Their Application to Industrial Heat Processes. Trans.Illum.Eng.Soc. 7 (1942) No 1, S. 1

Mc. Cloud, I.L. — Baking Paint with Infra-Red Light. Ind.Eng.Chem. 33 (1941) S. 225-23o

Merz, A. — Neue Wege zur Lacktrocknung. Archiv für Metallkunde 1 (1947) S. 456-46o
Induktive und Strahlungstrocknung

Meyer, V. — Zur Frage der Infrarotstrahlung. Die Fischindustrie 4o (195o) Nr. 5, S. 114

Müller, H. — Die neuen Anwendungsgebiete der Elektrowärme in der Industrie. Elektrizitätswirtschaft 51 (1952) Nr. 5 S. 433-436

Müller, H. — Einige Bemerkungen zur elektrischen Strahlungstrocknung. Zs. ETZ 71 (195o) S. 287-291
Zusammenstellung der wichtigsten Gesetze der Temperaturstrahlung. Verhältnisse im Trocknungsgut und in den Temperaturstrahlern

Müller, H. — Neuzeitliche elektrische Trocknungsverfahren. Techn. Mitt. 43 (195o) S. 541-547
Klimatrocknung, Trocknung im Temperaturstrahlungs- und im elektrischen Wechselfeld

Müller, H. — Neuzeitliche Trockenverfahren durch Elektrowärme, Elektrizitätswirtschaft 5o (1951) S. 15-2o
Grundsätzliche Anwendungsmöglichkeiten der Strahlungstrocknung, der Trocknung im Kondensator- und im Spulenfeld

Nelson, I.H. und H. Silman	The Application of Radiant Heat to Metal Finishing. Chapman and Hall. London 1945 Fachbuch
Newton, Ch.H.	Infra-Red Drying. Factory-Management and Maintenance 98 (194o) November
Nicholas, I.E.	Infra-Red Dehydration of Fruits and Vegetables. Journ.Frankl.Inst. Sept. 1943
Nicholas. E. und H.B. Busser	Seed Drier Uses Infrared Lamps. Agricultural Engineering 22 (1941) S. 42o-423
Noltingk, B.E.	Infra-Red Wood Stoving. British Industrial Finishing Leighton Buzzard 3 (195o) 27, S. 17o
Noltingk, B.E.	Infra-Red Plant for Stoving Tubes. British Industrial Finishing Leighton Buzzard 3, (195o) 27, S. 134
O'Brien, R.J.	Infrared Ends Proof Smudging. Electrical Production, October 194o
Pabst	Die Gefriertechnik in der Sowjet-Union. Die industrielle Obst- und Gemüseverwertung (1948) Heft 5/6, S. 78
Paul, G.T. und R.H. Wilhelm	Strahlungstrocknung von Textilien. Text.Res.Journ. 18 (1948) 1o, S. 573-597
Rabeneick, F.	Infrarotstrahlung und Feuerschutz. Bundesarbeitsblatt, Jahrgang 1951, Heft 2 Explosionsschutz bei Infrarot-Trockenanlagen
Rabold, C.N.	Recent Developments in the Drying of Textile Materials. Amer.Dyestuff-Reporter (1945) 34 No. 6, S. 1o8-117
Ratcliffe, S.W. und H.W. Webb	The Use of Infra-Red Drying in Pottery Manufacture. Transact.Brit.Ceram.Soc. (1945) 44, S. 119-133
Reichel, F.	Zur Einbrennlackierung. Industrie-Lackierbetrieb 21 (1953) S. 48-49 Verwendung infraroter Strahlen bei der Einbrennlackierung
Roberts, A.L.	The Application of Infra-Red Radiation to the Drying of Refractories. Refractories Journ. (1945) 21, No. 8, S. 3o1-313
Roberts, A.L. und R. Long	First Report on Radiant Heating. Gas Research Board Commun. No. 15, (1945) 51 S. Mechanismus der Strahlungserwärmung, Bedeutung der Strahlungsart für industrielle Prozesse. Wirkung gasbeheizter und elektrischer Strahler. Einfluß der Wellenlänge

Saatmann, C. — Physikalische Vorgänge bei der Trocknung von kondensierenden Kunstharzlacken durch Bestrahlung und ihre Auswirkung für die Praxis. Korrosion und Metallschutz 19 (1943) S. 19-27
Günstigste spektrale Energieverteilung. Bestrahlungsstärke und Trocknungszeit. Strahlungsquelle

Saatmann, C. — Lampenstrahlung zum Einbrennen von Kunstharzlacken. Licht 2o (1943) S. 19-24
Günstigste spektrale Energieverteilung. Abhängigkeit der Einbrennzeit von der Bestrahlungsstärke. Ausführung der Strahlungsquellen

Schäfer, K. — Die Physik der Ultrarot-Trockenverfahren. Der Elektrotechniker 2 (195o) 6, S. 159
Abführung der beim Trockenprozeß sich bildenden Dampfschichten

Scheiber, H.E. — Theoretische und praktische Hinweise zur Wärmetrocknung von Lacken. Industrie-Lackierbetrieb 17 (195o) S. 199-2o4

Schimmer, C. — Infrarot-Anlagen für moderne Fließbandfertigung. Elektrizität (1952) S. 2o8-211
Theoretische Einleitung. Anwendungsmöglichkeiten der Infrarot-Strahlung. Tabellen über den Energieverbrauch verschiedener Trockenprozesse mit infraroten Strahlen

Schneehage, A. — Wärmebehandlung von Bauwerken mit Infrarotstrahlen. Die Kälte, Hamburg, 3 (195o) Heft 9/1o, S. 21o-211
Trocknung und Schädlingsbekämpfung (Hausbock, Schwamm). Technische Ausführung der Strahler

Schneider, I. — Über die Infrarot-Trocknung für die Anwendung in der Textilindustrie. Mell.Text.Ber. Heidelberg, 31, 4 (195o) S. 284-286
Kritische Betrachtung vom stoffhistologischen Gesichtspunkt aus. Behauptung, daß die infrarote Strahlung in vielen Fällen für Zwecke der Textilindustrie ungeeignet ist

Schumacher, E.F. und R.C. Ernst — Infrared Radiant Heat Baking of Enamels. Ind.Eng. Chem. 36 (1944) 12, S. 1132-1137
Vergleich von Strahlungs- und Konvektionsheizung bei gleicher Oberflächentemperatur. Bestimmung der Absorption für schwarze, grüne, rote, gelbe und weiße Oberflächen. Energie-Analyse. Erhitzung von Polymerisaten

Schutt, E.V. — Radiant Heat in Textile Drying and Finishing. Industrial Gas, April (1943) Suppl. zu Gas World, London

Selling, H.J. — Anwendung von Infrarotheizkörpern in der Textilindustrie.

I. Wirkung auf die Bruchfestigkeit, Bruchdehnung und auf den Farbton ungefärbter Gewebe aus Wolle, Baumwolle, Leinen und Kunstseide.
II. Wirkung des Philips Infrarot-Heizkörpers auf die Eigenschaft verschiedener Gewebe
Text.Techn.Dig. 6 (1949) Nr. 5, S. 379

Selling, H.J. — De toepassing van droogstralers in de textilindustrie. Textilwezen, Gent, 8 (1952) 3, S. 21-28

Seurin, G. — Infrarottrocknung in der Textilindustrie. Ind.Text. 66 (1949) S. 289-293
Grundlagen der Heizung. Strahlungsquellen und Heizvorrichtungen für die Textilindustrie

Siebert, G. — Aktuelles zur Lackiertechnik und Lacktrocknung. Industrie-Lackierbetrieb 18 (195o) S. 135-139
Infrarot-Lampenanlage und Dunkelstrahler, Wanderanlagen. Tragbarer Dunkelstrahler für Reparaturzwecke. Infrarottrocknung und Lackart

Snyder, F.D. — Infrared Applied to Carbonizing. Textile World, New York, Jan. 1943

Stearns, E.I. — Infrared Reflectance in Textiles. Amer.Dyestuff-Reporter (1944) S. 131

Stout, L.E., K.I. Caplan und W.G. Baird — Mechanism and Rate of Drying by Near Infra-Red-Radiation. Transact.Amer.Inst.Chem.Eng. 41 (1945) No. 3, S. 283

Talen, H.W. — Een nieuwe droogmethode voor lakken. Verfkroniek (1942) 5, S. 88-92

Thebis — Schnelltrocknung durch Infrarot-Strahlung. Industrie-Lackierbetrieb 18 (195o) 4, S. 6o-62
Prinzip der Infrarot-Trockner, Typen. Eignung verschiedener Lacksorten. Vorteile der Infrarottrocknung

Thiel — Die Infrarot-Trocknung lackierter Gegenstände. Nitrozellulose 13 (1942) S. 69

Tiller, F.M. und H.J. Garber — Infrared Radiant Heating. Ind.Eng.Chem. (195o) 42, 3, S. 456-463

Tiller, F.M. und W.K. Lautner — Trocknen von Textilien mit Infrarot-Strahlen. Amer. Dyestuff-Reporter 26 (1951) S. 854-866
Anwendung der Infrarot-Strahlung in der Textilindustrie. Beschleunigung des Trockenvorganges

Tobey, J.A. — Le pain grillé, un aliment de choix. Baker Digest 15 (1941) 7, S. 124

Tooke, A.C. und H.W.G. Gatehouse — Industrial Application of Infra-Red Radiation. Electrical Review, London, 13o (1942) Nr. 3349, S. 137-141

Tröger, G. Die Infrarot-Trocknung. Industrie-Lackierbetrieb, 18 (195o) S. 19-22
Begriff, Grenzen der Anwendung, Systeme, Anwendungsgebiete

Tröger, G. Strahlungstrocknung mit Kleingeräten. Industrie-Lackierbetrieb 18 (195o) S. 39

Umminger, C. Physikalische Grundlagen der Infrarottrocknung. Deutsche Farbenzeitung 5 (1951) S. 159

Wampler, R.H. Modern Organic Finishes (Chapter XI - Baking by Radiant Heat). Chemical Publishing Company of New York, Inc., New York 1946

Weigelt, W. Die industrielle Anwendung der Strahlungsheizung. Elektropost 4 (1951) S. 438-44o
Beispiele für Anwendungsmöglichkeiten. Vermeidung von Fehlschlägen

Weigelt, W. Die Absorptionseigenschaften von Lacken und deren Infrarottrocknung. III. Internat.Elektrow. Kongreß, Paris 1953 Sektion 4, Bericht 4oo/5, 11 S.

Weise, H. Lacktrocknung mit infraroten Strahlen. Metalloberfläche 2 (1948) S. 112-113
Einrichtungen zur Lacktrocknung. Vorzüge

Würm, H. Infrarotbestrahlung im Bauwesen. Maschinenmarkt 57 (1951) Heft 48, S. 25
Infrarot-Strahlung zum Austrocknen von Neubauten und zur Schwammbekämpfung

Zollikofer, H. Chauffage par rayonnement. Monatsbull.Schweiz.Ver.Gas- und Wasserfachm. 28 (1948) Nr. 4, S. 93-97
Zusammenfassender Bericht über mehrere Arbeiten

Zywiel, J. Soszenia Prodczerwienia produktow roluo-zjwzociowuch
Deutscher Titel: Trocknung von landwirtschaftlichen Produkten mit Infrarot-Strahlen. Prace Glown.Inst.Prem. solu spozywcz (1952) II Nr. 1, S. 45-63

XI. Heizung

Adam, A. — Metingen in een Kerk met gasstralingsbranders. Het Gas 194o

Adlam, T.N. — Applications of Radiant Heating. Heating and Ventilating 28 (1931) Nr. 8, S. 65 und Nr. 9, S. 64

Adlam, T.N. — Calculations for Radiant Heating. Heating and Ventilating 28 (1931) Nr. 1o, S. 62-66

Adlam, T.N. — Present Methods of Heating by Thermal Radiations. Heating and Ventilating 28 (1931) Nr. 7, S. 75-8o

Adlam, T.N. — Results of Test on Radiant Heating. Heating and Ventilating 28 (1931) Nr. 11, S. 58-62

Adlam, T.N. — Some Temperature Studies in Radiant Heated Rooms. Heating and Ventilating 28 (1931) Nr. 6, S. 69-72

Adlam, T.N. — Radiant Heating To-day. Heating and Ventilating 35 (1938) Nr. 7, S. 22-25

Adlam, T.N. — Radiant Heating. The Ind.Press, New York 1947, 472 S. <u>Fachbuch</u>

Andrew, L.W. und A.L. Roberts — The Function of Convection and Radiation in Heating by Gas. Gas Journal 25o (1947, II) S. 2o7
Anwendung von Strahlung und Konvektion bei verschiedenen Heizproblemen

Balcke, H. — Wärme und Kälteschutztechnik. Knapp, Halle 1936 <u>Fachbuch</u>

Bartelds, W.I. — Elektrische Raumheizung in der Provinz Utrecht. Elektrowärme 7 (1937) S. 31-34
Einzelheiten über Decken- und Wandheizung. Wirkungsgrad

Baumann, W. — Radiatoren- oder Deckenheizung in Wohnräumen. Schweizer technische Zs. 5o (1953) S. 441-445
Ansicht des Verfassers, daß Decken- und Bodenheizung in wichtigen Eigenschaften der Radiatorenheizung unterlegen sind

Beaurienne — La radiation et la Diffusion de la chaleur. 5. Congrès du Chauffage et de la Ventilation (1933) S. 95

Beck, P. — Heizung, Lüftung und Befeuchtung in Kunstsammlungen. Heizung und Lüftung 8 (1934) S. 1o8-117

Beck, P. — Deckenstrahlungsheizung. Beitrag zur Klärung. Gesundheitsingenieur 61 (1938) S. 437-442

Beck, P. — Der Brennstoffbedarf bei Deckenstrahlungsheizungen. Gesundheitsingenieur 62 (1939) S. 14o-142

Beck, P.	Dänische Feststellungen über den Wärmeverbrauch von Deckenstrahlungsheizungen. Gesundheitsingeieur 62 (1939) S. 177-181 Versuchsberichte über Feststellungen in einer Kopenhagener Schule. Mindestbedarf an Wärme bei der Strahlungsheizung
Beck, P.	Was bei der Strahlungsheizung zu prüfen ist. Haustechnische Rundschau 44 (1939) S. 63
Becker, S.	Oberflächentemperaturen bei verputzten Deckenheizflächen. Heat.Pip.Air.Cond. 22 (195o) S. 123 Ergebnisse verschiedener Messungen
Bedford, T.	Basic Principles of Ventilating and Heating. H.K. Lewis & Co., London, 4o1 S. <u>Fachbuch</u>
Biard, M.E.	Etude de quelques dispositifs pour l'évacation des produits de combustion du gaz. Journ.Usine Gaz, 5.6.1938
Bigeault, E.	Le chauffage par panneaux rayonnants. 5. Congrès du chauffage et de la ventilation, (1933) S. 113
Bigeault, E.	Le chauffage par rayonnement. Chal. et Ind. 15 (1934) S. 1219
Bilden, H.	Bau und Betrieb der Strahlungsheizung und der Strahlungskühlung. Heizung, Lüftung, Haustechn. 2 (1951) S. 5-9 Zweckmäßige Decken zum Einbau einer Heizung; Wärmespeicherung der Decke.Temperaturregelung. Die Sunztrips-Heizung. Kühlung durch Strahlungsflächen
Bockwald, E.	Erfahrungen mit elektrischer Raumheizung. Elektrowärme 7 (1937) S. 17o-173
Boerlin, G.	Eine Deckenstrahlungsheizung für Wohnhäuser; Neues über Strahlungsheizung. Arch.ges.Wärmetechn. 1 (195o) S. 56-6o Patentierte Bauweise einer Strahlungsbeheizung
Bosch, M. ten	Die Wärmeübertragung. Springer, Berlin 1936 <u>Fachbuch</u>
Boxmann, H.G.	Die Temperaturverteilung in der strahlungsgeheizten Kassenhalle einer Großbank. Heizung, Lüftung, Haustechn. 5 (1954) S. 21-24
Bradtke, F.	Grundlagen für Planung und Entwurf von Klimaanlagen. Zs. VDI 82 (1938) S. 1473-148o
Bradtke, F.	Raumklimatische Fragen bei der Deckenheizung. XV. Kongreß für Heizung und Lüftung, Berlin, 1938
Bradtke, F. und W. Liese	Hilfsbuch für raum- und außenklimatische Messungen. Berlin/Göttingen/Heidelberg, 2. Aufl. 1952 Fachbuch

Brandt, M. — Grundlagen und technische Einzelheiten der Strahlungsheizung. Sondermitteilungs-Heft der Vereinigten Stahlwerke, Düsseldorf 1936

Brandt, M. — Die Strahlungsdeckenheizung nach dem System Crittall. Zs. des Österr.Ing. und Arch. Vereins 1937, S. 241

Brandt, M. — Die Strahlungsdeckenheizung. Zentralbl.Bauverw. 57 (1937) S. 95o-953

Brandt, M. — Der heutige Stand der Strahlungsheizung. Gesundheitsingenieur 6o (1937) S. 649-654

Bruce — Panel Warming Calculation. Journ.Inst.Heat.Vent. Engrs. (1936) Nr. 46

Buch, A. — Planung und Ausführung der elektrischen Raumheizung in der Materialprüfstelle der Allianz. Elektrizitätswirtschaft 36 (1937) S. 727-73o

Bussy, R.M. — Electric Panel Heating. Electrical Review, London 98 (1926) Nr. 251o, S. 3-4

Cammerer, J.S. und W. Christian — Die Wärmewirkung der Sonnenstrahlung auf Bauten. Wärmewirtschaftliche Nachr. 7 (1934) S. 71 und S. 116

Cammerer, J.S. und W. Christian — Die in Wohnräumen eindringende Sonnenwärme. Wärmewirtschaftliche Nachr. 8 (1935) S. 121

Cammerer, J.S. — Die konstruktiven Grundlagen des Wärme- und Kälteschutzes im Wohn- und Industriebau. Springer, Berlin 1936
Fachbuch

Cammerer, J.S. — Tabellarium aller wichtigen Größen für Wärme-, Kälte- und Schallschutz. Vereinigte Korkindustrie A.G. Berlin, August Hirschwald 1937
Fachbuch

Cammerer, J.S. — Die Temperatur der inneren Wandoberfläche und ihre Bedeutung für den zulässigen Mindestwärmeschutz von Mauern und für Deckenheizanlagen. Heizung und Lüftung (1939) S. 39-43

Cammerer, J.S. — Der Wärmeschutz und Kälteschutz in der Industrie. Springer, Berlin, 3. Auflage 1951, 35o S.
Fachbuch

Carne, J.B. — The Influence of Natural Convection on the Effectiveness of Radiant (Infra-Red) Heating. Gas Times Leighton Buzzard 44 (1945) Nr. 573, S. 55

Carrier, W.H. — What will be the Future Development of Heating and Air Conditioning. Heat.Pip.Air. Condit. Jan. 1933

Castner, F. — Elektrische Deckenheizung. Haustechn.Rundschau 43 (1938) S. 53o

Christian, W. — Die Wärmeverluste von unmittelbar im Erdreich verlegten Rohrleitungen. Wärme und Kältetechnik 1937, Heft 3

Dalgleish, R.H. — Infra-Red Rays Put the Heat on Outdoor Storage Problems. Bus-Transportation, August 1944, New York

Deriaz, D.W. — Fußbodenheizung System Deriaz. Schweiz.Bauztg. 1o1 (1933) S. 233-236

Deriaz, D.W. — Ergebnisse der Fußbodenheizung. Schweiz.Bl.für Heizung und Lüftung 2 (1935) S. 27-43

Devos, G. — Les Radiothermes et leur employ. Rev.Gen.Gaz (1939) S. 287

Dietz, L. — Ventilations- und Heizungsanlagen. R. Oldenbourg, München 19o9
Fachbuch

Doczekal, R. — Die Wirtschaftlichkeit der Folien-Flächenheizung. Elektrizitätswirtschaft 39 (194o) S. 2oo-2o3
Konstruktion, Betriebsweise und Wirtschaftlichkeit

Dürrhammer, W. — Bemessung und Bewertung der Wärmeschutzstoffe im Heizungsfach. Heizung und Lüftung 1937, S. 81-84

Dufton, A.F. — A Contribution to the Study of the Heating of School Buildings. Heating and Ventilating 28 (1931) Nr. 1o, S. 77

Dufton, A.F. — Radiant Heat. Proc.Inst.Heat.Vent.Engrs. London 31 (1932/33) S. 23o-248

Dufton, A.F. — Heat Requirements of House. Journ.Inst.Heat.Vent. Engrs. 1 (1933) Nr. 2, 3, 4, S. 99-1o4, 156-163, 2o9-216

Dufton, A.F. — Note on Penetration of Direct Sunlight into Buildings. Journ. Sci. Instr. 1o. (1933) Nr. 4, S. 115-116

Dupuy, M. — Note relative au calcul des chauffages par rayonnement. Chal.et Ind. 15 (1934) S. 1218

Ebert, H. — Das Paneelheizsystem. Haustechnische Rundschau 37 (1932) S. 152

Eckert, E. — Beitrag zur Berechnung der Strahlungsheizung. Heizung und Lüftung 13 (1939) S. 97-1o1

Edison Electr. Inst. Section IV — Infrared Heating. Power Sales Manual 1941

Egli, M. Die Wärmepumpheizung des renovierten Züricher Rathauses. Schweiz.Bauztg. 116 (194o) S. 59-64 und 73-75

Erk, S. Untersuchung und Berechnung von Flächenheizungen. Gesundheitsingenieur 6o (1937) S. 593-594

Faulkner, J.H. Study of Radiant Energy Heating. Chicago Utilities Research Comm. 194o

Fischer, W. Fortschritte der Heizung und Lüftung. Zs. VDI 75 (1931) S. 53o
Mit Abschnitt über warmwasserbeheizten Deckenstrahler

Fischer, W. und F. Schenk Heizung und Lüftung. Zs. VDI 76 (1932) S. 1185-1187
Mit Abschnitt über warmwasserbeheizten Deckenstrahler

Fischer, L.J. Bericht über den großangelegten Heizungsanlagenvergleich der Forschungsstelle für den Hausbau. Gesundheitsingenieur 7o (1949) S. 321-323
Vergleiche verschiedener Formen von Heizungsanlagen in englischen Einfamilienhäusern

Fischmeister, V. Elektrische Raumheizung. Heizung und Lüftung 14 (194o)

Fischmeister, V. Anwendung der elektrischen Raumheizung. Heizung und Lüftung 16 (1942) S. 15-2o
Überblick über elektrische Raumheizung einschließlich Strahlungsheizung

Forster, R. Sicherheitsorgan für Strahlungsheizungen. Die Installation 23 (1951) S. 1o2
Automatische Absperrvorrichtung bei Überschreiten der Höchsttemperatur

Fourné, F. Infrarot-Raumheizung. Elektrowärme-Technik 4 (1953) S. 135-143
Vorteile der Infrarot-Heizung. Wirtschaftlichkeit. Zahlenangaben zur Installation, Beispiele

Fowler, L.J. Panel Warming. Amer.Soc.Heat.Vent.Engrs.Transact. 36 (193o)

Frenger, G. Die Frenger-Decke. Die Installation 25 (1953) S. 5-8

Frenger, G. Die Zent-Frenger-Strahlungsheizdecke. Schweiz.Bauztg. 72 (1953) S. 435-438
Bauelemente; Verwendungsmöglichkeiten

Frere, Cl. Neue Entwicklung der elektrischen Wohnraumheizung. Electr.Engng. 7o (1951) S. 6o8
Strahlungsheizung als günstigste unter den Arten der Wohnraumheizung. Herstellung niedrig temperierter Strahler

Friend, W.F. Controlling the House Heating Load. Electrical World Nov. 2 (1953) S. 88-9o
Möglichkeiten zur Kontrolle der Belastung (Verbrauch) bei der Hausbeheizung

Fröhlich, O. Eine neue Fußbodenheizung. Schweiz.Blätter f. Heizung und Lüftung 1935

Fröhlich, O. Praktische Erfahrungen mit der Fußbodenheizung, System Deriaz. Haustechnische Rundschau 1935, S. 366

Fuidge, G.H. Development of Domestic of Gas Space Heating. Gas World 129 (1948 I) S. 595-599 und S. 718-722
Entwicklung von Heizkörpern mit angenehmer Wärmewirkung

Garff, K.A. Beitrag zur Berechnung und Beurteilung der Strahlungsheizung. Gesundheitsingenieur 62 (1939) S. 364-365
Zuschrift zu Aufsätzen von Hottinger und Kalous

Gautheret, R. Le Chauffage électrique par Lamps à Rayonnement Infrarouge. Électricité April 1951

Gerbel, M. Die Grundgesetze der Wärmestrahlung. Berlin 1917
Fachbuch

Gerbel, M. Die wirtschaftlichste Stärke einer Isolierung. VDI-Verlag, Berlin 1921

Gini, A. Il riscaldamento dei locali mediante panelli radianti. L'Ingegnere 5 (1931) S. 671-676

Gini, A. Il riscaldamento par radiazione. L'Ingegnere 6 (1932) Heft 3

Gini, A. Caratteristiche di funzionamento degli impianti di riscaldamento a irradiazione. L'Ingegnere 8 (1934) Heft 6

Gini, A. Degli impianti di riscaldamento a radiazione a mezzo di tubi immersi nelle strutture murare. Milano Perego 1936

Gini, A. Die Strahlungsheizung in Italien. Gesundheitsingenieur 61 (1938) S. 735-738

Gini, A. Die Berechnung der Wärmeverluste bei den Strahlungsheizanlagen. Gesundheitsingenieur 63 (1940) S. 649-652

Gini, A. Neuere Anwendungen der Wärmepumpe für Gebäudeheizung. Heizung und Lüftung 15 (1941) S. 74-78
Zwei Strahlungsheizungs- und Klimaanlagen, bei denen die Wärme des Grundwassers durch Wärmepumpen auf den für die Verwendung als Heizwasser notwendigen höheren Stand gebracht wird

Gonzenbach, W.v. Physiologische und hygienische Betrachtungen zur Strahlungsheizung. Gesundheitsingenieur 61 (1938) S. 557-560

Goodell, H. Radiant Heat-Full-Fledged Industrial Tool. Electrical Engng.Jan. 1941, S. 3-9

Gouffé, A. — Procédés de Combustion superficielle. Chaleur et Lumière, Jan. 1938

Gouffé, A. — L'alimentation des radiateurs à gaz à combustion interstitielle. Journ.Usine Gaz. 1939, S. 53o

Graf, O. — Über die Verwendung der Rohre von Deckenheizungen als Bewehrung von Eisenbetondecken. Beton und Eisen 38 (1939) S. 333-339

Grierson, R. — Notes on Electric Warming with Special Reference to Low Temperature Panel Systems. Proc.Inst.Heat.Vent. Engrs., London, 28 (1929)

Griffiths, E. und A.H. Davis — The Transmission of Heat by Radiation and Convection. Spec.Rep.Nr. 9 of Food Invest.Board, 1922

Gröber, H. — Gesichtspunkte für die Bewertung der Deckenheizung. Gesundheitsingenieur 61 (1938) S. 57-61
Raumtemperatur, Luftbewegung und -feuchtigkeit, Trägheit der Deckenheizung

Gröber, H. und S. Erk — Die Grundgesetze der Wärmeübertragung. Springer, Berlin 1933
Fachbuch

Gropius, W. und H. Flassdieck — Das Glas als Baustoff und die Paneel- oder Deckenheizung. Haustechnische Rundschau 36 (1931) S. 17 u. 177

Grünzweig-Hortmann — Wärme- und Kälteverluste isolierter Rohrleitungen und Wände. Springer, Berlin 1928
Fachbuch

Gunst, E. van — Berekeningsmethoden big stralende verwaerming. Ingenieur (Haag) 64 (1952) Heft 12, S. 6-28
Richtlinien zur Beheizung von Strahlungsheizungen, Beispiele

Haase, H. — Wesen und Entwicklungsstand der Infrarot-Raumheizungstechnik. Der Ingenieur 7 (1953) Nr. 5, S. 11-15 und Nr. 6, S. 11-13

Haase, H. und M. Maurer — Neuartige Heizung und Lüftung einer Ausstellungshalle. Bauwelt 35 (1953) S. 685-688

Haggenmüller,Ph. — Elektrische Warmwasserspeicherheizung im Verwaltungsgebäude der Großkraftwerke Franken A.G. Nürnberg. Elektrowärme 7 (1937) S. 168-17o

Hallet, C.G.H. — Notes on the Theory of Radiant Heating. Proc.Inst.Heat. Vent.Engrs. London, 29 (193o)

Hallet, C.G.H. — Some Notes on the Theory of Radiant Heating. Heat.Vent. Eng. London, 4 (1931) S. 211

Hamme, A. van — Considérations sur le chauffage par rayonnement. Ann. des Traveaux Publices de Belgique, 36 (1935) S. 887-918

Heilmann, R.N. — Surface Heat Transmission. Transact. Am.Soc.Mech.Engrs., Fuels and Steam Pwr.Sect. 51 (1929) Nr. 22

Held, E.F.M., v.d. — Wärmeübertragung durch Strahlung. Temperaturverteilung und Wärmeabgabe von Fußböden und Decken. Gesundheitsingenieur 6o (1937) S. 2o1-2o2
Ableitung einer neuen Gleichung; Beispiele

Held, E.F.M., v.d. — Wärmeübertragung durch Strahlung. Gesundheitsingenieur 62 (1939) S. 581-585 und S. 594-598
Spektrale und Richtungsverteilung. Temperaturverteilung bei Decken- und Fußbodenheizung

Held, E.F.M., v.d. — Wärmeübertragung durch Strahlung bei Deckenheizung. Gesundheitsingenieur 62 (1939) S. 73-75

Hencky, K. — Die Wärmeverluste durch ebene Wände. R. Oldenbourg, München 1921
Fachbuch

Henne, W. — Kirchenheizung. Schweizer Elektrorundschau. Elektrizitätsverwertung 26 (1951/52) S. 19-21
Wirtschaftlichkeit der Strahlungsheizung im Kirchenbau, Beispiele, Betriebskosten

Herter, H. — Das Hallenbad der Stadt Zürich. Gesundheitsingenieur 65 (1942) S. 129-138
Neuzeitliche Wärmepumpenanlage, Raumerwärmung durch Strahlungsheizung

Hofbauer, G. — Das Strahlungsklima unserer Wohnräume. Gesundheitsingenieur 65 (1942) S. 147-154
Veränderung der Sonnenstrahlung beim Durchgang durch die Atmosphäre und durch Glasfenster. Biologische Wirkungen der gefilterten Strahlung (Treibhauswirkung)

Hoffmann, W. — Wärmeübertragung und Diffusion. Forschung auf d. Gebiet des Ingenieurwesens 6 (1935) S. 293-3o4
Anwendung von Diffusionsversuchen zur Bestimmung der Wärmeübergangszahlen bei Strömung von Gasen im Rohr, parallel zu ebenen Flächen, um Rohre entlang der Rohrachse, beim Anströmen kleiner Platten und beim Strömen durch ein Röhrenmodell

Hofstetter, H. — Deckenstrahlungsheizung mit Heizkabeln. Pro Metal 3 (195o) S. 713. Bull.Schweiz.el.Verw. 41 (195o) S. 676

Hottel, H.C. — Radiant Heat Transmission. 2. Weltkraftkonferenz Bd. 18, Sekt. 32, Nr. 243, 193o

Hottinger, M. — Elektrische Heizung. Gesundheitsingenieur 53 (193o) S. 193-194
Aussichten der elektrischen Raumheizung. Betriebsergebnisse bei den Schweizerischen Bundesbahnen und in einem Wohnhaus

Hottinger, M. — Decken- und Fußbodenheizung. Gesundheitsingenieur 57 (1934) S. 293-297
Versuche mit Bodenheizung. Fußbodenheizung System Deriaz. Deckenheizung: Temperaturverteilung; Wirtschaftlichkeit; Bautechnische Fragen

Hottinger, M. — Strahlungsheizung, Lüftung und Kühlung eines großen Warenhauses. Gesundheitsingenieur 61 (1938) S. 129-133

Hottinger, M. — Der Wärmeverbrauch bei Deckenheizungen. Gesundheitsingenieur 61 (1938) S. 738

Hottinger, M. — Vergleichsversuche zwischen Decken- und Heizkörperheizung. Schweizer Bull. für Heizung und Lüftung 6 (1939) S. 34-44

Hottinger, M. und A. Imhof — Elektrische Raumheizung. Fachschriftenverlag und Buchdruckerei A.G., Zürich
<u>Fachbuch</u>

Hottinger, M. und A. Imhof — Die Kleinspannungsindividualheizung Thermoflex. Schweiz.Techn.Z. 17 (1942) S. 141-148

"Hütte" — Des Ingenieurs Taschenbuch, Abschnitt "Wärme". W. Ernst & Sohn, Berlin, 25.Aufl. Bd. 1, 1925
<u>Fachbuch</u>

Huppert, O. — Gasverbrauchsgerät. W. Knapp, Halle 1934
<u>Fachbuch</u>

Hutchinson, F.W. — Radiant Heating, Floor, Wall, or Ceiling? Heat.Pip. Air. Cond., März 1946
Gegenüberstellung von Wand- Decken- und Fußbodenheizung

Huygen, L.B. — Der Wärmeverbrauch bei Deckenheizungen. Gesundheitsingenieur 61 (1938) S. 58o

Jaros, A.L. und R.A. Wolff — Panel Heating in the British Embassy. Heating and Ventilating 27 (193o) Nr. 5 und 6

Jürges, W. — Der Wärmeübergang an einer ebenen Wand. Beiheft zum Gesundheitsingenieur 1924, Heft 19, 52 S.

Jungbluth, M. — Erfahrungen beim Betrieb von Deckenheizungen. Heizung und Lüftung 18 (1944) S. 43-45
Referat eines Ausspracheabends über Erfahrungen beim Bau von Deckenheizungen. Deckenheizungen in drei Privathäusern; Verhalten der Decken, Temperaturen, Zug-

	erscheinungen, Trägheit der Anlage, Brennstoffverbrauch, Kühlung, Anlagekosten. Es handelt sich z.T. um Gasstrahler
Jungbluth, M.	Raumheizung durch Strahlung oder Konvektion? Heizg. Lüftg.Haustechn. 4 (1953) S. 83-85 Vor- und Nachteile der Strahlungsheizung; sie wird nur in wenigen Fällen empfohlen
Kämper, H.	Die Deckenstrahlungsheizung. Zs. VDI 81 (1937) S. 1o32-1o39 Entwicklung, physikalische Grundlagen, bauliche Ausführung von Heizung und Decke. Vor- und Nachteile
Kämper, H.	Die Heizungs- und Lüftungsanlagen in den verschiedenen Gebäudearten. Springer, Berlin 194o Fachbuch
Kämper, H., M. Hottinger und W.v. Gonzenbach	Die Anwendung der Wärmepumpe im Heizungswesen. Haustechnische Rundschau 47 (1942) S. 2o7-213 S. 221-224
Kalous, K.	Wesen und Ausführung der Strahlungsheizung. Gesundheitsingenieur 6o (1937) S. 769-77o
Kalous, K.	Strahlungsheizung. Aufgaben und Klarstellung. Gesundheitsingenieur 61 (1938) S. 357-358 Berechnung; Aufgaben der Forschung und Normung; Wärmeersparnis
Kalous, K.	Praktische Berechnung der Strahlungsheizung. Gesundheitsingenieur 62 (1939) S. 553-558 Wärmeverluste, Heizflächen, Rohrnetz
Kalous, K.	Die Kühlleistung einer Deckenheizfläche. Heizung und Lüftung 15 (1941) S. 61-64 Richtwerte zur Berechnung der Kühlleistung einer Dekkenstrahlungsheizung
Kind, W.	Die elektrische Deckenheizung. Elektrizitäts-Wirtschaft 36 (1937) S. 528-532 Physikalische Grundlagen, Ausführungsformen
Kind, W.	Elektrische Strahlungsheizung. EZT 58 (1937) S. 785-789 Vorteile der Strahlungsheizung, physikalische und physiologische Grundlagen. Anwendung als Boden-, Wand- und Deckenstrahler
Kind, W.	Die elektrische Heizung im Gartenbau. Elektrowärme-Technik 3 (1952) S. 132-135
Klenk, W.	Infrarot-Heizungen mit Gas als Energiequelle. Gas- und Wasserfach 91 (195o) Heft 7, S. 84-86 Wesen und Wirkung der Infrarot-Strahlung; Anwendungsgebiete: Muffel-, Kammer-, Tunnel-, Wannenofen; Backofen und Trockenofen. Grenzen der Anwendung

Knoblauch, O.	Wärmedurchgang durch pulverförmige Körper im luftverdünnten Raum. Mitt.d.Forschungsheimes f. Wärmeschutz e.V., München 1925, Heft 6
Körting, J.	Heizung durch infrarote Strahlung. Gas- und Wasserfach 89 (1948) S. 1o1-1o3 Beschreibung von Gasheizstrahlern
Kollmar, A.	Die Berechnung und Konstruktion der Deckenheizung. Haustechnische Rundschau 38 (1933) S. 375-379
Kollmar, A.	Die Warmluftstrahlungsheizung. Heizung und Lüftung 16 (1942) S. 1o5-1o8 und S. 125-128 Entwicklung einer Warmluftstrahlungsheizung wegen der Wärmeträgheit der Warmwasser-Strahlungsheizung. Theoretische Grundlagen und Vorteile
Kollmar, A.	Die Ako-Flächenheizung. Gesundheitsingenieur 69 (1948) S. 2-3
Kollmar, A.	Die Einstrahlungsverhältnisse im beheizten Raum. Beiheft Reihe 1 zum Gesundheitsingenieur, Leibnitz-Verlag, München 1948
Kollmar, A.	Praktische Berechnung der Flächenheizung. Gesundheitsingenieur 69 (1948) S. 281-293 Formel- und Zahlentafeln, Berechnungsbeispiele zur Flächen- und Strahlungsheizung
Kollmar, A.	Die mathematischen Methoden zur Ermittlung der Temperaturverteilung in der Decke einer Strahlungsheizung. Gesundheitsingenieur 69 (1948) S. 66-7o
Kollmar, A.	Theorie und Technik der Flächenheizung. Gesundheitsingenieur 7o (1949) S. 22-28 und S. 113-119 Berechnung der Deckenheizung, Wandflächentemperaturen, Wärmeverluste und Luftwechsel. Körperbilanz, Flächenbilanz, Flächenteilchenbilanz des Menschen. Praktische Anwendung der Theorie. Historischer Überblick
Kollmar, A.	Die Strahlungsverhältnisse im beheizten Wohnraum mit Berechnung der Einstrahlzahlen. R. Oldenbourg, München 195o, 117 S. <u>Fachbuch</u>
Kollmar, A.	Der Tiefeneinfluß eines Raumes auf die Wärmeverlustberechnung. Gesundheitsingenieur 71 (195o) S. 241-246 Heizflächenbestimmung für schmale, tiefe Räume mit nur einer Außenwand auf der Schmalseite
Kollmar, A.	Die Berechnung einer Strahlplattenheizung. Heizg. Lüftg. Haustechn. 3 (1952) S. 147-152 Berechnung der Heizflächen und Temperaturen für verschiedene Strahlplatten-Heizungsarten

Kollmar, A. Exponential- oder Wärmequellenfunktion bei der Strahlungsheizung. Gesundheitsingenieur 73 (1952) S. 334-337

Kollmar, A. Raumkühlung und Heizung durch reflektierte Strahlung. Gesundheitsingenieur 73 (1952) S. 252-254
Beispiel eines mit reflektierenden Tapeten ausgestatteten Raumes. Versuchsergebnisse

Kollmar, A. Die Strahlungsheizung, ihre Berechnung und Ausführung. Haustechnische Rundschau 51 (1952) S. 55

Kollmar, A. Die Stramax-Deckenheizung mit Aluminium- oder Kupferlamellen. Haustechnische Rundschau 51 (1952) S. 67-71
Wärmeabgabe einer Stramax-Decke. Bauliche Hinweise

Kollmar, A. Neuzeitliche Entwicklung und Gedankengänge der Strahlungsheizung. Gesundheitsingenieur 73 (1952) S. 1o5-113
Allgemeine bau- und wärmetechnische Gesichtspunkte. Frenger- und Stramaxdecke, Sonderkonstruktionen. Heizstrahlplatten, elektrisch- und gasbeheizte Strahler. Kupferrohrstrahlungsheizung
Die physiosolare Elektroheizung

Kollmar, A. Bautechnische Gestaltungen von Fußboden- und Deckenheizungen. Gesundheitsingenieur 74 (1953) S. 99-1o9
Fußboden-, Rohrdecken-, Lamellendeckenheizung

Kollmar, A. Grundlagen der Strahlungsheizung. Zs. VDI 95 (1953) S. 33-38
Wärmephysiologie des Menschen. Verminderung der Wärmeträgheit von Heizsystemen. Gerichtete Wärmestrahlung. Wärmeabgabe des Menschen durch Strahlung. Einfache Berechnungsverfahren für die Praxis

Kollmar, A. Die Heizsysteme für Industrie- und Verwaltungsgebäude unter neuen heiztechnischen Erkenntnissen. Heizg.Lüftg. Haustechn. 4 (1953) S. 1o9-119
Bis zu 5o % Brennstoffersparnis durch Wahl eines Heizsystems geringer Wärmeträgheit bei Industriegebäuden mit kurzer Betriebszeit. Abhängigkeit des Ausrichtens der Wärmestrahlung auf Innen- oder Außenwände vom Zweck des Gebäudes

Kollmar, A. Die Strahlungsheizung. Kurzer Abriß über ihre Berechnung und Ausführung. (H.R.-Bücher 1) Haenchen und Jäh, Berlin-Charlottenburg 1953, 94 S.
Fachbuch

Kolodziejczyk, S. Der Wärmeverbrauch bei Deckenheizungen. Gesundheitsingenieur 62 (1939) S. 17o
Zuschrift zu einem Aufsatz von Huygen (der Gesundheitsingenieur 4o (1938) S. 58o-581)

Kraemer, O.	Sperrholzplatten als Flächenheizkörper, Arch.ges. Wärmetechn. 2 (1951). Referat in ETZ 4 (1952) Ausgabe B, S. 231 Lignotherm-Heizkörper
Leuffgen, H.	Elektrische Raumheizung durch Rohrheizkörper mit niedriger Temperatur und hoher Bodenstrahlung. Elektrizitätswirtschaft 37 (1937) S. 525-528
Liebenstein, G.v.	Erfahrungen mit der Bodenheizung System "Jaspers" in einem Wohnhause. Elektrowärme 7 (1937) S. 165-168
Liese, W.	Die Wohnraumheizung unter wärmephysiologischen und hygienischen Gesichtspunkten. Gesundheitsingenieur 7o (1949) S. 16-22 Mit Behandlung der Strahlungsheizung. Nach Ansicht des Verfassers ist die Flächenheizung die zweckmäßige Raumheizung der Zukunft
Linka, A.	Bericht über Erfahrungen mit elektrischen Speicherheizungsanlagen. Elektrowärme 7 (1937) S. 174-18o
Lohausen, K.A.	Infrarot-Raumheizung. Sanitäre Technik 16 (1951) S. 359-362 Der Bau und die Bauindustrie 4 (1951) S. 551
Lohausen, K.A.	Infrarot-Raumheizung mit Voutenstrahlern. Elektrowärme-Technik 2 (1951) S. 1o9
Lo Presti, M.	Moderni Indirizza della Tecnica Sanitaria: Il riscaldamento per radiazione (Panelli Radianti). Energia Termica 2 (1934) S. 89, 134, 233
Luban, K.	Die wärmetechnischen Anlagen im Reichsluftfahrtministerium Berlin. Heizung und Lüftung (1936) S. 175-18o
Lück, G.	Die Strahlungsheizung als Wärmequellenproblem. Allgem. Wärmetechn. 2 (1951) S. 211-218 Theoretische Behandlung
Linden, A.T. ter	Abdämmende Anstriche. Gesundheitsingenieur 61 (1938) S. 241-243 Temperatursteigerung von gestrichenen Oberflächen bei Bestrahlung durch Wärmestrahler mit hoher und verhältnismäßig niedriger Temperatur
Malius, E.C.	Infrared Heating. Electr.Rev. London 135 (1944) S. 37o-372
Marcard, W.	Technische Fragen bei der Strahlungsheizung. XV. Kongreß für Heizung und Lüftung Berlin 1938
Marcard, W. und H. Huppert	Versuche über den Anheizvorgang bei einer Deckenheizung. Gesundheitsingenieur 61 (1938) S. 199-2o7

Mc Cabe, J.C. — Gebäudeheizung. Power 93 (1949) 6, S. 71-9o
Anschauliche Behandlung des Gesamtgebietes

Meier, H. — Strahlungsheizung im Privathaus. Pro Metal 3 (195o) S. 713

Meier, H. — Strahlungsheizung. Kupferrohre im Installationswesen. Pro Metal 3 (195o) S. 37

Mensing, P. — Strahlungsheizung nach Crittall. Gesundheitsingenieur 6o (1937) S. 176

Merkel, F. — Die Grundlagen der Wärmeübertragung. Theordor Steinkopf, Dresden/Leipzig 1927
Fachbuch

Mills, D.L., L.J. Latart und F.W. Hutchinson — Einfluß der Einbettungstiefe von Strahlungsheizungen auf die Gleichförmigkeit der Oberflächentemperatur. Heat. and Vent. 46 (1949) Nr. 5

Mills, C.A. — A Years Operating Results for Reflecting Radiant Conditioning. Heat.Pip.Air. Cond. 24 (1952) Nr. 2

Missenard, A. — Considération sur l'efficacité des différents modes de chauffage. Chaleur et Ind., Heft 174, 1934

Missenard, A. — Physiologische Einflüsse bei verschiedenen Wärmeeinwirkungen unter besonderer Berücksichtigung der Strahlungsheizung. XV. Kongreß für Heizung und Lüftung, Berlin 1938

Missenard, A. — Neue Verfahren bei der Beheizung von Werkstätten und großen Räumen. Technique moderne 41 (1949) S. 177-183
Strahlungsheizung in Werkräumen; Berechnung und Ausführung

Müller, E.A. und G. Wenzel — Neuartige Klimaanlage zur Erzeugung ungleicher Luft- und Strahlungstemperaturen in einem Versuchsraum. Forschungsberichte des Wirtschafts- und Verkehrsministeriums Nordrhein-Westfalen, Nr. 118, Westdeutscher Verlag, Köln u. Opladen 1954

Myers, J. — Farm Family likes Electric Heating. Electrical World Nov. 1953, S. 83
Wandheizung in amerikanischen Einfamilienhäusern

Nusselt, W. — Der Wärmeübergang im Kreuzstrom. Zs. VDI 58 (1911) S. 2o21-2o24
Formel zur Berechnung des Temperaturverlaufs und der übertragenen Wärme eines Oberflächenkühlers, bei dem die Strömungsrichtungen der beiden Flüssigkeiten senkrecht zueinander stehen

Nyssen, M.H.	Deckenstrahlungsheizung im Verwaltungsgebäude eines niederländischen Stromversorgungsunternehmens. Elektrizitätswirtschaft 34 (1938) S. 444-446
Oates, C.M.	Panel Heating. Proc.Inst.Heat.Vent.Engrs. London 3o (1931)
Ohaus, H.	Fußbodenheizung in der Heilanstalt. Heizung und Lüftung 1936, S. 111-113
Parodi, A.	Die Berechnung von Strahlungsheizungen. Sanitäre Technik 17 (1952) S. 19-2o, 53-55, 87 Wärmeverteilung und Kosten
Parry, D.H.	Probleme der elektrischen Raumheizung. Proc.Inst.El. Engrs. I, 99 (1952) S. 233 Vorteile der elektrischen Wohnraumbeheizung. Wirtschaftlichkeit; Bauhinweise (Zugrunde liegen englische Verhältnisse)
Pelda, A.	Vorschläge zur Herabsetzung der Trägheit bei Deckenheizungen. Gesundheitsingenieur 61 (1938) S. 564-565
Pulle, R.E.	Uitvoeringsvormen van stralende verwarming. Ingenieur (Haag) 64 (1952) Heft 14, S. G. 35
Raber und Hutchinson	Panel Heating and Cooling Analysis. Viley & Sons, New York, Chapman & Hall, London 1947, 2o8 S. Fachbuch
Rahm, L.	Die Anwendung der Elektrizität für die häusliche Heizung. Chauff. et Vent. 1o (1933) S. 92-94
Raiß, W.	Die niedrigsten Außentemperaturen für die Berechnung des Wärmebedarfs von Gebäuden. Heizung und Lüftung 1936, Heft 11
Reichow, G.	Zur Heizung und Lüftung großer Versammlungsräume. Gesundheitsingenieur 74 (1953) S. 2o9-215
Reiher, H. und O. Knoblauch	Strahlungstechnische Untersuchungen eines Gasglühofens. Gas- und Wasserfach 69 (1926) S. 897-9o2 Strahlungsverteilung und Abgasverluste
Riedl, J.	Die Wärmestrahlung im Feuerraum. Kachelofen und Keramik 4 (1952) Heft 1o, S. 3-6
Rietschel-Gröber	Leitfaden der Heizungs- und Lüftungstechnik. 1. Aufl. 1938, 143 S. Fachbuch
Ritter, J.	Fragen um die Strahlungsheizung. Haustechnische Rundschau 42 (1937) S. 348
Ritter, J.	Kirchenheizungen. Haustechnische Rundschau 52 (1953) S. 167-168 Möglichkeiten der Kirchenbeheizung. Hinweis auf Strahlungsheizung

Ritter, Ph. Strahlungs- und Deckenheizung. Gesundheitsingenieur 6o (1937) S. 413-414, Referat eines Vortrages
Grundlagen, Ausführungsformen, Vorteile

Ritter, Ph. Strahlungsheizung. Gesundheitsingenieur 62 (1939) S. 513-514

Robertson, L.N. Elektrische Strahlungsheizung. Electr.Engng. 69 (195o) S. 263-264
Vorteile der elektrischen Strahlungsheizung im Zusammenhang mit Wärmespeicherung

Rössler Die Heizung im Textilbetrieb. Textilpraxis Jan. 195o, 2 S.

Ros, M. Bewehrte Betondecken mit Strahlungsheizung, System Gebr. Sulzer, Winterthur. Schweiz.Bauztg. 118 (1941) S. 161-165 und S. 169-172

Roth, A. Die Paneel- oder Deckenheizung. Schweiz.Bauztg. 1o3 (1933) S. 153-157

Rybka, K.R. Die Strahlheizung. Gesundheitsingenieur 57 (1934) S. 3o5-3o9
Ausführungsformen; Vor- und Nachteile

Sartorius, H.v. Die erstmalige baupraktische Ausführung und konstruktive Durchbildung der Deckenheizung als Bewehrung in Großdeutschland. Beton und Eisen 38 (1939) S. 352-356

Sauer, W.v. Elektrische Warmwasser-Speicher-Heizung für Dauerbetrieb in Wohnhäusern. Elektrizitätswirtschaft 36 (1937) S. 521-525

Schack, A. Der physikalische und wirtschaftliche Zusammenhang von Wärmeübergang und Druckverlust. Stahl und Eisen 49 (1929) S. 841-842
Theoretische Abhandlung mit kurzem Abschnitt: Wärmeübergang durch Strahlung

Schack, A. Der industrielle Wärmeübergang. Stahleisen m.b.H. Düsseldorf, 3. Aufl. 1948, 385 S., 56 Abb., 33 Tab.
Fachbuch

Schiller, L. Experimentelle Untersuchungen zum Turbulenzproblem. Zs. Angew.Mathem.Mech. 1 (1921) S. 436-444
Kritische Zahl als Funktion der größten vorhandenen Störung

Schilling, H. Eine Deckenstrahlungsheizung mit Dampf. Heizg.Lüftg. Haustechn. 1 (195o) S. 116-117
Erfahrungen mit Deckenstrahlungsheizung in einem Wohnhaus

Schmidt, E. Die Wärmeübertragung durch Rippen. Zs. VDI 7o (1926) S. 885 und 947-955

Schmidt, E.	Das vollelektrische Haus auf der Reichsausstellung "Schaffendes Volk" in Düsseldorf. Elektrowärme 7 (1937) S. 182-183
Schneckenberg	Die Deckenheizung in der britischen Botschaft in Washington. Gesundheitsingenieur 54 (1931) S. 65-69
Schraeder, F.	Elektrische Raumheizung mit besonders günstigem Wirkungsgrad. Elektrowärme 7 (1937) S. 161-165
Schreier, P.	Versuche mit Rohren von Deckenheizungen als Bewehrung von Eisenbetondecken. Beton und Eisen 38 (1939) S. 345-352
Schropp, K.	Die Temperaturen technischer Oberflächen unter dem Einfluß der Sonnenbestrahlung und der nächtlichen Ausstrahlung. Gesundheitsingenieur (1931) 5o, 7 S.
Schulz, W.	Elektrische Heizeinrichtungen für Industrie und Gewerbe. W. Schulz, Frankfurt M./Ginnheim, 3. Aufl. 195o, 163 S. Fachbuch
Schulz, W.	Elektro-Raumheizung. W. Schulz, Frankfurt M./Ginnheim, 2. Aufl. 1953 Fachbuch
Schulz, W.	Wirtschaftlichkeit elektrischer Raumheizung mit Infrarot-Strahlen. Elektrotechnik (Elektromarkt) 35 (1953) Nr. 44, S. 28-29 Strahlungsheizung als Ergänzung in der Übergangszeit. Kostenrechnung an Beispielen
Schuster, F.	Neuzeitlicher Ofenbau, Steigerung der Wirtschaftlichkeit, neueste Erkenntnisse auf dem Gebiet der Strahlungsheizung. Monatsbulletin 33 (1953) S. 155-169 Vortrag auf der Tagung für industrielle Gasverwertung am 17.3.1953 in Zürich
Schwank, G.	Gasheizung und Strahlung. Gas- und Wasserfach 9o (1949) S. 169-174 Physiologische Faktoren der Wärmeübertragung, Einfluß der Wellenlänge. Verschiedene Heizungssysteme. Verbesserungsmöglichkeiten der Wohnraumheizöfen. Hochstrahler für Großräume. Industrielle Wärmeprozesse durch Strahlungsheizung
Schwank, G.	Großraumheizung durch Gasglühkörper. Gesundheitsingenieur 74 (1953) S. 215-217
Seibert, O.	Die Wärmeaufnahme der bestrahlten Kesselheizfläche. Archiv f. Wärmewirtschaft 9 (1928) S. 18o-188
Sennhauser, W.	Entwicklung der Strahlungsheizung. Allgem. Wärmetechnik 3 (1952) S. 137-142

Settele, E. — Über die Auswirkungen verschiedener Heizungsanordnungen auf die Temperaturverteilung im Raum. Gesundheitsingenieur 56 (1933) S. 505-509
Decken- und Fußbodenheizung; Forderung nach Wärmeschutz

Setz, M. — Die Decken- und Fußbodenheizung im Krankenhaus. Gesundheitsingenieur 59 (1936) S. 501-504
Vor- und Nachteile der Deckenheizung und der Fußbodenheizung des Krankenhauses im Vergleich mit der Raumheizung durch frei aufgestellte Rippenheizkörper oder Rohrschlangen

Shoemaker — Radiant Heating. Mc Graw Hill Book Co.Inc., New York 1948, 306 S.
Fachbuch

Skokan, V. — Entwicklung und gegenwärtiger Stand der Strahlungsheizung in der ehemaligen Tschechoslowakei. Gesundheitsingenieur 62 (1939) S. 392-394

Smits van und A.P.C. Burgst — Die Wärmepumpe und ihre Anwendungsmöglichkeiten bei dem heutigen Entwicklungsstand der Luftbehandlungstechnik. Haustechnische Rundschau 47 (1942) S. 282-285 und S. 295-298

Sommer, K. — Konvektions- und Strahlungsheizung in einem Restaurationszelt auf dem Messegelände in Hannover. Neue Deliwa Zs. (1953) Nr. 4, S. 101

Speirs, C.W. — Electrical Heating by Radiation. Electrical Review, London 105 (1929) Nr. 2696, S. 139-142

Sprenger, E. — Der Einfluß der Sonnenstrahlung auf die Innentemperatur von Räumen. Gesundheitsingenieur 57 (1934) S. 13-16

Squassi, F. — Il panello radiante italiano brevette Squassi. Rom 1935

Squassi, F. — Der Wärmeaustausch zwischen Raumwänden. Gesundheitsingenieur 63 (1940) S. 37-42
Allgemeine Gleichungen für den Wärmeaustausch durch Leitung, Konvektion und Strahlung

Stegemann, R. — Die Lösung der Heizfrage bei Gemäldegalerien und ähnlichen Sammlungsgebäuden. Gesundheitsingenieur 37 (1914) S. 829-833
Strahlungsheizung ungeeignet, da Strahlungswärme schädlich für die Gemälde

Stegemann, R. — Vom wirtschaftlichen Bauen. Oscar Laube, Dresden 1930
Fachbuch

Gebr. Sulzer A.G. — Strahlungsheizung. Schweiz.Blätter für Heizung und Lüftung 4 (1937) S. 1-10

Gebr. Sulzer A.G. Abtlg. Heizg. u.Lüftg. — Radiatoren oder Strahlungsheizung. Schweizer Techn. Zs. 50 (1953) S. 613-618 .

Tiller, F.M. und H.J. Garber — Infrared Radiant Heating. Ind.Engng.Chem. 34 (1942) S. 773-782
Theoretische Ableitung von Temperatur-Zeit-Zusammenhängen für die Bestrahlung dünner Metallkörper. Experimentelle Daten; Werte des Wärmeleitungskoeffizienten für vertikale Flächen und des Absorptionskoeffizienten für verschiedene emallierte Oberflächen. Industrielle Ausrüstung des Heizofens einschl. der Strahlungsheizung

Uskon Radiant Heating Panel — Tapeten zur Strahlungsheizung. Rubber Age 16 (1953) S. 65o
Beschreibung einer Heiztapete

Utilities Research Commission — Study of Radiant Energy Heating. Chicago, April 15 (1941)

Verein Deutscher Ingenieure — Regeln für die Prüfung von Wärme und Kälteschutzanlagen. VDI-Verlag, Berlin 193o
Fachbuch

Verein Deutscher Ingenieure — Richtlinien zur Bemessung von Wärme- und Kälteschutzanlagen. VDI-Verlag, Berlin 1931
Fachbuch

Verein Deutscher Ingenieure — Regeln für das Meßverfahren bei Abanhmeversuchen. I. Teil: Regeln für Temperaturmessungen. VDI-Verlag, Berlin 1936
Fachbuch

Vernon, H.M. M.D. — Radiant Heating in Buildings. Engineering 125 (1928) S. 791
"Panel"-Heizung im Vergleich mit anderen Heizarten. Physiologische bzw. psychologische Wirkungen

Wähner, W. — Erfahrungen aus dem Heizungsbetrieb der Bundespost. Heizg.Lüftg.Haustechn. 4 (1953) S. 185-186
U.a. Stellungnahme der Bundespost zur Strahlungsheizung

Wallmann, F. — Die industrielle Wärmeschutztechnik. Maschinenmarkt 56 (195o) S. 4-11
9o % aller Kraftwerks- und industriellen Anlagen werden mit Mineralfasern im Stopfverfahren oder in Matten bzw. Schalenform isoliert. Kieselgur, in Schalen oder Steinen, hat seine frühere Bedeutung infolge der Anwendung hoher Temperaturen weitgehend verloren. Schlacken und Steinwolle sind bis 7oo °C anwendbar, Glasfasern bis zu 45o °C. Die neuen Isoliermethoden mit diesen Stoffen werden erläutert

Wamsler — Die Wärmeabgabe beheizter Körper an Luft. Forschungsarb. auf d. Gebiet des Ingenieurwesens 1911, Heft 98/99

Weber, A.P. — Theoretische Betrachtungen über den Druckverlust in Deckenspiralen. Gesundheitsingenieur 65 (1942) S. 293-296
Reibungsverluste in Deckenspiralen auf Grund der Gleichungen von Blasius und Bradtke unter Berücksichtigung der bei Deckenstrahlungsheizungen vorherrschenden Temperatur- und Geschwindigkeitsverhältnisse

Weber, E.L. — Heizung und Kühlung durch Strahlungsheizung. Heat. Pip.Air. Cond. May 194o, S. 282-284

Wetzler, K. — Untersuchungen über die Abhängigkeit der Gesamtstrahlung von Baustoffen von der Temperatur unter Berücksichtigung des Einflusses der Oberflächenbeschaffenheit. Diss.Techn.Hochsch. Darmstadt 1927

White, F.R. — Industrial Radiant Heating. Ind.Heat.Air and Vent. 14 (1952) S. 338
Untersuchungen an Strahlheizplatten mit Dampf

Wierz, M. — Ermittlung der Temperaturverteilung in geheizten Decken und Fußböden. Heizg.Lüftg.Haustechn. 4 (1953) S. 181-184
Theoretische Darstellung für die Strahlungsheizung

Willard, A.C., A.P. Kratz und M.K. Fahnenstock — Application of the Empatheoscope for Measuring the Performance of Direct Radiators and Convectors in Therms of Equivalent Temperatures. Amer.Soc.Heat. Vent.Engrs. I, Sect.Heat.Pip.Air Cond. 1933

Willner, M. — Die heiz- und lüftungstechnischen Anlagen im Führerbau der NSDAP. Gesundheitsingenieur 61 (1938) S. 539-541

Wirth, E. — Strahlungsheizung. Gesundheitsingenieur 6o (1937) S. 481-483
Fußboden- und Deckenheizung. Wirkungsgrad, Brennstoffersparnis, Ausführungen

Wirth, E. — Aus der Physik der Raumheizung. Sonderdruck der Veska-Z. 1938, Heft 6

Wirth, E. — Die Umkehrung der Deckenheizung zur Raumkühlung. Schweizer Bauztg. 112 (1938) S. 237-239

Wirth, E. — Die wahren Eigenschaften der Strahlungsheizung. Gesundheitsingenieur 62 (1939) S. 3o-35
Temperaturverteilung. Wärmersparnis und andere Vorteile

Wirth, E. — Die Deckenstrahlungsheizung im Krankenhaus. Gesundheitsingenieur 62 (1939) S. 458-463

Wohlfarth, G. — Über Wärmeverluste durch Strahlung und Konvektion. Gesundheitsingenieur 74 (1953) S. 388-389
Vergleich der beiden für die Raumheizung in Frage kommenden Wärmeübertragungsarten (Strahlung und Konvektion)

Worp, L. — Raumheizung. Gesundheitsingenieur 60 (1937) S. 465-467
Der Abkühlungsvorgang eines Raumes. Vergleich von Raumheizungen: Heizkörper, Boden- und Deckenstrahler

Wrede, K. — Kurventafeln zur Berechnung des Wärmeverlustes und Temperaturabfalls von isolierten Rohrleitungen. Mitt. des Forschungsheimes f. Wärmeschutz e.V. München 1924, Heft 5

Wrede, K. — Die Wärmeersparniszahl und der Wärmeverlust nichtilsolierter Anlagen. Mitt. des Forschungsheimes f. Wärmeschutz e.V. München 1925, Heft 6

Van Zuilen — Physiologische groundslagen van de Klimatregeling in het bijzonder in verband met stralende verwaerming. Ingenieur (Haag) 64 (1952) Heft 12, S. G. 21
Der Begriff der operativen Temperatur und ihre Bedeutung für das Innenklima

Van Zuilen — Het Bijnenhuisklimaat. Warmtechnick Sept. 1939

XII. Biologie und Medizin

Aldrich, L.B. — A Study of Body Radiation. Smithonian Miscellaneous Collections 81 (1928) Dez., Nr. 6

Asbeck, F. — Licht und Trockenbehandlung des Ulcus crucis. Münch. med.Wochenschr. Bd. 95 (1953) S. 369-372

Barchewitz, P. — L'infrarouge et la molécule organique. "Les diffusions modernes", Paris 1947

Bastien, J. — Les irradiations infra-rouges et u.-v. en chirurgie opératoire. Paris 1937
Fachbuch

Beaumont, W. — Infrared irradiation. Med.Press. London, Bd. 219 (1948) S. 63-65

Biancani, E.et H. — Lumière et rayons infrarouges. Gauthier-Villars, Paris 1929
Fachbuch

Black, D.I.G., I. Getty und T.R. Morris — Infra-Red Brooding and the Crooked-Toe Problem in Chicks. Nature 17o (1952) S. 167

Bohn, G. — Actions directrices de la lumière. Gauthier-Villars, Paris
Fachbuch

Büttner, K. — Die menschliche Haut unter der Einwirkung von Hitzestrahlung. Umschau, Bd. 52 (1952) S. 713

Cartwright, C.J., J. Daniel und A. Petrauskus — Infrared Transmission of the Human Body. Science, May 3, 194o

Cemach, A.J. — Lichttherapie (=Grundzüge der physikalischen Therapie der Hals-, Nasen- und Ohrenkrankheiten, Teil I). Verlag Wilhelm Mandrich, Wien 1951, IX, 111 S.
Med. Fachbuch

Czerny, M. — Über die Rotgrenze der Augenempfindlichkeit. Zs. für Naturforschung 4a (1949) S. 521-522

Dejardin, G. und R. Lafarjet — Utilisation des radiations infrarouges en thérapeutique. Données numérique et mesures rélatives aux rayonnement et aux sources. Revue d'optique 22 (1943) S. 2o6-214

Delherm, L. und A. Laquerrière — Traité d'électroradiothérapie. Masson, Paris 1938
Fachbuch

Egle, K. und A. Ernst — Die Verwendung des Ultrarotabsorptionsschreibers für die vollautomatische und fortlaufende CO_2 Analyse bei Assimilisations- und Atmungsmessungen an Pflanzen. Zs. Naturforschung 46 (1949) S. 351-360
Aufbau und Wirkungsweise des Ultrarotabsorptionsschreibers sowie Verwendung für Assimilisations- und Atmungsmessungen an Pflanzen. Vorteile des Gerätes: Selektivität, hohe Empfindlichkeit der CO_2 Messung, vollautomatische und fortlaufende Registrierung der Meßwerte

Evans, D.S. und K. Mendelsohn — The measurement of infra-red radiation for medical purposes. Journ.Sci.Instr. 23 (1946) S. 94-98

Fleck, U. — Infrared in relation to skin and underlying tissue. Library of Congress, 1952, Washington
Enthält 195 Titel von Veröffentlichungen aus den Jahren 1935-1952 über Infrarotwirkung

Fraser, R.D.B. und W.C. Price — Infra-Red Dichroism and Protein Structure. Nature 170 (1952) S. 490

Fraser, R.D.B. — Infra-Red Dichroism of Tobacco Mosaic Virus Nucleoprotein. Nature 170 (1952) S. 491

Giersberg, H. und R.G.A. Lotz — Die Wirksamkeit der U-V- und Ultrarotstrahlung einschließlich des sichtbaren Lichtes. Zs. Naturforschung, Bd. 36 (1948), S. 349-356

Gunter, R. — Sensitivity of the Cat's Eye to Infra-Red Radiations. Nature 167 (1951) S. 1063

Hardy. J.D. und E.F. Du Bois — Regulation of Heat Loss from the Human Body. Proc.Nat. Acad.Sci. 23 (1937) S. 624-637

Helmke, R. — Über die Herabsetzung oder Steigerung der U-V- Empfindlichkeit der menschlichen Haut bei gleichzeitiger Infrarotbestrahlung.
Strahlentherapie Bd. 76 (1947) S. 648-652, Heft 4
Bd. 77 (1947) S. 311-313, Heft 2
Bd. 77 (1948) S. 477-483, Heft 3
Bd. 78 (1948) S. 145-148, Heft 1

Henschke, U. und H.J. Loock — Die Bedeutung der spektralen Verteilung bei der Wärmetherapie der Zahn- und Kiefererkrankungen mit sichtbarer und ultraroter Strahlung. Strahlentherapie Bd. 77 (1947) S. 149-158

Herskovici, H. — Héliothérapie, rayons ultraviolets, infrarouges. Guillemot de Lamothe, Paris 1932

Houghton, F.C., W.W. Teague, W.E. Miller und W.P. Yant — Heat and Moisture Losses from the Human Body and Their Relation to Air Conditioning Problems. Am.Soc. Heat.Vent.Engrs.Transact. 35 (1929)

Koomen, M., R. Toussy und H.A. Knoll — An Infra-Red Pupillometer. Journ.Opt.Soc.Am. 38 (1948) S. 719-722
Messung des Pupillendurchmessers bei Dunkelheit mit Hilfe einer Infrarot-Lichtquelle und eines Infrarot-Teleskops in etwa 6 Zoll Entfernung. Vorschläge für andere Verwendungsmöglichkeiten des Instruments

Kowarschik, J. — Schmerzstillung durch physikalische Therapie. Wien.klin.Wschr.Bd. 65 (1953) S. 1o8-1o9

Kowarschik, J. — Physikalische Therapie. Springer-Verlag, Wien 1948, 5o2 S.
Med. Fachbuch

Kowarschik, J. — Die Wirkung der Wärme bei rheumatischen Erkrankungen. Arch.phys.Therapie, Bd. 4 (1952) Heft 1, S. 18-25

Lavedan, J. — L'action des radiations sur la cellule normale. Gauthier-Villars, Paris
Fachbuch

Lloyd-Smith, D.L. und K. Mendelsohn — Tolerance limits to radiant heat. Brit. med. Journ. (1948) S. 975-978

Lotz, R.G.A. — Das "Strahlungsklima" zur Steuerung des Gasstoffwechsels von Säugetieren. Zs. vergl. Physiol. Bd. 32 (195o) S. 228-247

Lotz, R.G.A. — Neue Forschungen über die Wirkung einer kombinierten U-V.- und Infrarotbestrahlung. Arch.physik-Therapie Bd. 3 (1951) S. 357-364

Luckiesh, M. — Applications of Germicidal, Erythemal and Infrared Energy. D. van Nostrand Company, New York 1946, 463 S., 145 Abb.
Fachbuch

Mathews, L.H. und B.H. — Owls and Infra-Red Radiation. Nature 143 (1939) S. 983

Modzelewska-Ray, V. — Contrib. a l'état des rayons infrarouges. Leur emploi dans les affections gynécologiques. Paris 1932
Fachbuch

Moscovici, E. — Mesure du rayonnenement de la peau. Paris 1934
Fachbuch

Müller, E.A. und H. Spitzer — Untersuchungen über die Hitzebelastung in Hüttenbetrieben. Forschungsberichte des Wirtschafts- und Verkehrsministerium Nordrhein-Westfalen, Nr. 4. Westdeutscher Verlag, Köln und Opladen (1952) 2o S.

Oeser, H. Licht- und Wärmestrahlen in der Medizin. Das Deutsche Gesundheitswesen 2 (1947) S. 21-26

Rovner, L. Infrared Radiation Therapy Sources and Their Analysis with Scanner. Charles C. Thomas, Springfield, (Illinois) 195o, 34 S.
Fachbuch

Saidman, J. Héliothérapie de la tuberculose (Techniques nouvelles). G. Doin & Cie., Paris 1938, 116 S.
Med. Fachbuch

Schärer, F. Farbe als Klimatisierungsfaktor. Industrielle Organisation (Zürich) 19 (195o) 6, S. 331-334

Schliephake Les ondes électriques courtes en biologie. Gauthier-Villars, Paris
Fachbuch

Spellerberg, B.A.E. Behandlung von Erkältungskrankheiten, insbesondere Schnupfen mit gefäßerweiternden Mitteln. Medizinische, Stuttgart (1953) S. 819-821, Heft 24

Vernon, H.M. und M.D. A Physiological Investigation of The Radiant Heating in Various Buildings. Ind.Fatigue Research Board Rep. No. 46 (1928)

XIII. Allgemeines über Wärmeanwendung der Infrarot-Strahlung

Archer, H.M. — Invisible Rays Build Visible Profits. Electric Light and Power, Chicago, May 194o

Beese, N.C. — Infrared Radiation. Sience, June 19, 1942

Berlepsch-Valendas, W. v. — Un perfectionnement dans l'application de la radiation infra-rouge (Fortschritte in der Verwendung von Infrarotstrahlung). Peintures, pigm.,vern. Paris 26 (195o) 11, S. 464-466

Berlepsch-Valendas, W. v. — Die praktische Anwendung der Infrarotstrahlung bei industriellen Fertigungsprozessen und bei der Raumheizung, unter besonderer Berücksichtigung der Strahlungserzeugung durch Stadtgas. Monatsbull. der Schweiz.Ver. von Gas- und Wasserfachm. Nr. 5 (1953) 1o S.

Borchert, R. und W. Jubitz — Infrarotstrahlung zur Erwärmung, Trocknung und Aushärtung für die Lack-, Textil- u.a. Industrien sowie für die Strahlentherapie. Verlag Technik, Berlin 1951, 5o S.
Lehrbuch

Buccar, M. de — Accident par les rayons infrarouges. Ann.Hyg. Nr. 2, März/April 1941

Déribéré, M. — Les applications pratiques des rayons infrarouges. Dunod, Paris 1947 (2e éd.) 279
Fachbuch

Greinacher, H. — Energie und Temperatur der Wärmestrahlung. Schweiz. Technische Zeitschrift 5o (1953) S. 6o9-613

Großkurth, K. — Der Stand der Erforschung und der technischen Anwendung der ultraroten Strahlen. Fernmeldetechnische Zs. (1948) S. 169-174

Haase, H. — Sicherheitsfragen bei dem Betrieb von Infrarotanlagen. Die Berufsgenossenschaft 1953, Heft 7, S. 255-258

Hase, R. — Die Bedeutung der U.R-Strahlung für die Elektrowärme. (V.D.E.Fachberichte 13 (1949), S. 234

Hall, D. — Industrial Applications of Infrared. Mc Graw Hill Book Co. Inc., London 1947, 2o1 S.
Fachbuch

Huxford, W.S. und I.R. Platt — Survey of Near Infra-Red Communication Systems. Journ.Opt.Soc.Am. 38 (1948) S. 253-265
Entwicklung 188o-1945. Neue amerikanische und ausländische (Deutschland, Italien, Japan) Geräte. Bibliographie, 61 Titel

Lohausen, K.A.	Fortschritte in der Infrarot-Technik, Anwendungen und Ergebnisse. Zs. VDI 94 (1952) S. 792-796
Lohausen, K.A.	Fortschritte in der Infrarot-Technik, Betriebsanlagen, neue Erkenntnisse, und weitere Entwicklungen. Zs. VDI 94 (1952) S. 1183-1186
Mackadam, A.C.F. und A.M.J. Janser	Specific Effects of Infrared. Air-Treatment-Engineer, London 8 (1945) Nr. 8, S. 172
Mc Adams, W.H.	Heat Transmission. Mc. Graw Hill Book Co. New York 1933 Fachbuch
Schmidt, E.	Einführung in die technische Thermodynamik. Berlin 1936 Fachbuch
Tiller, F.M.	Principles and Application of Radiant Heating. Chem.Prod. (1945) 8, S. 35-40

XIV. Hochfrequenz und Infrarot

Connel, L. — The Application of Radiant and Inductive Heating to Industrial Processes. Gen.Electr.Co.Journ. 13 (1944) Febr., S. 1o-32

Felgentreu, S. — Hochfrequenz und Infrarot in der Lebensmittelverarbeitung. Elektron 3 (1949) S. 279-283
Infrarotteil: Resonanzverhältnisse, Trockenstrahler. Anwendung in der Obst- und Gemüsetrocknung

Houghton, F.C. und C. Gutberlet — Absorption of Solar Radiation in its Relation to the Temperature, Color Angle and other Characteristics of the Absorbing Surface. Heat.Pip.Air Con. (1929) S. 677

Müller, H. — Ultrarot, dielektrische und induktive Erwärmung. Elektrowärmetechnik 1 (195o) S. 149-15o
Entwicklungsstand und Anwendungsmöglichkeiten, Literaturangaben

Philipp, O. — Infrarot- und Hochfrequenztrocknung. Ziegelindustrie, Wiesbaden, 3 (195o) S. 475-476
Gegenüberstellung von Infrarot- und Hochfrequenztrocknung bei keramischen Formkörpern und Ziegeln

Summer, W. — High Frequency and Infra-Red. Food 22 (1953) No. 256, Jan. 4-7, 3 S.
Erzeugung von Hochfrequenz und Infrarotstrahlung. Anwendung bei der Trocknung von Lebensmitteln

XV. Sichtbares Gebiet und Millimeterwellen

Eder, F.X.	Das Grenzgebiet zwischen elektrischen Millimeterwellen und dem langwelligen Ultrarot. Funk und Ton 2 (1948) S. 491-498 Zwischen o,5 und 1 mm besteht ein Minimum der Intensität sowohl von der Wärmestrahlung als auch von der makroskopischen Erzeugung der Millimeterwellen her. Theoretische Erklärung
Hilburn, E.D.	Microwave Diffraction Charts. Electronics 23 (195o) 9, S. 112-114 Nomogramm zur Bestimmung der Reichweite von Mikrowellen
Klinger, H.H.	Erzeugung, Ausbreitung und Anwendung von Millimeterwellen. Elektron 2 (1948) S. 213-214 Historisches zur Erzeugung von Millimeterwellen. Erzeugung mit Klystron und Magnetron. Anwendungen
Saidman, J. und J. Meyer	Les ondes courtes en thérapeutique. G. Doin et Cie., Paris 1941, 3oo S. Fachbuch
Saidman, J.	Les Rayons ultra-violets et associés en thérapeutiques. G. Doin et Cie., Paris 1928, 84o S. Med. Fachbuch
Setzekorn, H.	Verfahren zur Messung der Farbkonstanz elektrischer Lichtquellen. Elektro-Post, Mindelheim, 5 (1952) 2, S. 25-3o
Veen, R. van der	Wachstumsförderung von Tulpen mittels Kunstlicht. Philips technische Rundschau 1o (1949) Heft 9, 5 S.
Veen, R. van der	Die Aufbewahrung von Saatkartoffeln in künstlich beleuchteten Kellern. Philips technische Rundschau 1o (1949) Heft 1o, 5 S.

FORSCHUNGSBERICHTE DES WIRTSCHAFTS- UND VERKEHRSMINISTERIUMS NORDRHEIN-WESTFALEN

Herausgegeben von Staatssekretär Prof. Leo Brandt

HEFT 1
Prof. Dr.-Ing. E. Flegler, Aachen
Untersuchungen oxydischer Ferromagnet-Werkstoffe
1952, 20 Seiten, DM 6,75

HEFT 2
Prof. Dr. W. Fuchs, Aachen
Untersuchungen über absatzfreie Teeröle
1952, 32 Seiten, 5 Abb., 6 Tabellen, DM 10,—

HEFT 3
Techn.-Wissenschaftl. Büro für die Bastfaserindustrie, Bielefeld
Untersuchungsarbeiten zur Verbesserung des Leinenwebstuhls
1952, 44 Seiten, 7 Abb., 3 Tabellen, DM 12,50

HEFT 4
Prof. Dr. E. A. Müller und Dipl.-Ing. H. Spitzer, Dortmund
Untersuchungen über die Hitzebelastung in Hüttebetrieben
1952, 28 Seiten, 5 Abb., 1 Tabelle, DM 9,—

HEFT 5
Dipl.-Ing. W. Fister, Aachen
Prüfstand der Turbinenuntersuchungen
1952, 40 Seiten, 30 Abb., 3 Schaltbilder, DM 1,—

HEFT 6
Prof. Dr. W. Fuchs, Aachen
Untersuchungen über die Zusammensetzung und Verwendbarkeit von Schwelteerfraktionen
1952, 36 Seiten, DM 10.50

HEFT 7
Prof. Dr. W. Fuchs, Aachen
Untersuchungen über emsländisches Petrolatum
1952, 36 Seiten, 1 Abb., 17 Tabellen, DM 10,50

HEFT 8
M. E. Meffert und H. Stratmann, Essen
Algen-Großkulturen im Sommer 1951
1953, 52 Seiten, 4 Abb., 20 Tabellen, DM 9,75

HEFT 9
Techn.-Wissenschaftl. Büro für die Bastfaserindustrie, Bielefeld
Untersuchungen über die zweckmäßige Wicklungsart von Leinengarnkreuzspulen unter Berücksichtigung der Anwendung hoher Geschwindigkeiten des Garnes
Vorversuche für Zetteln und Schären von Leinengarnen auf Hochleistungsmaschinen
1952, 48 Seiten, 7 Abb., 7 Tabellen, DM 9,25

HEFT 10
Prof. Dr. W. Vogel, Köln
„Das Streifenpaar" als neues System zur mechanischen Vergrößerung kleiner Verschiebungen und seine technischen Anwendungsmöglichkeiten
1953, 20 Seiten, 6 Abb., DM 4,50

HEFT 11
Laboratorium für Werkzeugmaschinen und Betriebslehre, Technische Hochschule Aachen
1. Untersuchungen über Metallbearbeitung im Fräsvorgang mit Hartmetallwerkzeugen und negativem Spanwinkel
2. Weiterentwicklung des Schleifverfahrens für die Herstellung von Präzisionswerkstücken unter Vermeidung hoher Temperaturen
3. Untersuchung von Oberflächenveredlungsverfahren zur Steigerung der Belastbarkeit hochbeanspruchter Bauteile
1953, 80 Seiten, 61 Abb., DM 15,75

HEFT 12
Elektrowärme-Institut, Langenberg (Rhld.)
Induktive Erwärmung mit Netzfrequenz
1952, 22 Seiten 6 Abb., DM 5,20

HEFT 13
Techn.-Wissenschaftl. Büro für die Bastfaserindustrie, Bielefeld
Das Naßspinnen von Bastfasergarnen mit chemischen Zusätzen zum Spinnbad
1953, 52 Seiten, 4 Abb., 19 Tabellen, DM 10,—

HEFT 14
Forschungsstelle für Acetylen, Dortmund
Untersuchungen über Aceton als Lösungsmittel für Acetylen
1952, 64 Seiten, 10 Abb., 26 Tabellen, DM 12,25

HEFT 15
Wäschereiforschung Krefeld
Trocknen von Wäschestoffen
1953, 48 Seiten, 14 Abb., 2 Tabellen, DM 9,—

HEFT 16
Max-Planck-Institut für Kohlenforschung, Mülheim a. d. Ruhr
Arbeiten des MPI für Kohlenforschung
1953, 104 Seiten, 9 Abb., DM 17,80

HEFT 17
Ingenieurbüro Herbert Stein, M.-Gladbach
Untersuchung der Verzugsvorgänge in den Streckwerken verschiedener Spinnereimaschinen. 1. Bericht: Vergleichende Prüfung mit verschiedenen Dickenmeßgeräten
1952, 36 Seiten, 15 Abb., DM 8,—

HEFT 18
Wäschereiforschung Krefeld
Grundlagen zur Erfassung der chemischen Schädigung beim Waschen
1953, 68 Seiten, 15 Abb., 15 Tabellen, DM 12,75

HEFT 19
Techn.-Wissenschaftl. Büro für die Bastfaserindustrie, Bielefeld
Die Auswirkung des Schlichtens von Leinengarnketten auf den Verarbeitungswirkungsgrad, sowie die Festigkeit und Dehnungsverhältnisse der Garne und Gewebe
1953, 48 Seiten, 1 Abb., 9 Tabellen, DM 9,—

HEFT 20
Techn.-Wissenschaftl. Büro für die Bastfaserindustrie, Bielefeld
Trocknung von Leinengarnen I
Vorgang und Einwirkung auf die Garnqualität
1953, 62 Seiten, 18 Abb., 5 Tabellen, DM 12,—

HEFT 21
Techn.-Wissenschaftl. Büro für die Bastfaserindustrie, Bielefeld
Trocknung von Leinengarnen II
Spulenanordnung und Luftführung beim Trocknen von Kreuzspulen
1953, 66 Seiten, 22 Abb., 9 Tabellen, DM 13,—

HEFT 22
Techn.-Wissenschaftl. Büro für die Bastfaserindustrie, Bielefeld
Die Reparaturanfälligkeit von Webstühlen
1953, 28 Seiten, 7 Abb., 5 Tabellen, DM 5,80

HEFT 23
Institut für Starkstromtechnik, Aachen
Rechnerische und experimentelle Untersuchungen zur Kenntnis der Metadyne als Umformer von konstanter Spannung auf konstanten Strom
1953, 52 Seiten, 20 Abb., 4 Tafeln, DM 9,75

HEFT 24
Institut für Starkstromtechnik, Aachen
Vergleich verschiedener Generator-Metadyne-Schaltungen in bezug auf statisches Verhalten
1952, 44 Seiten, 23 Abb., DM 8,50

HEFT 25
Gesellschaft für Kohlentechnik mbH., Dortmund-Eving
Struktur der Steinkohlen und Steinkohlen-Kokse
1953, 58 Seiten, DM 11,—

HEFT 26
Techn.-Wissenschaftl. Büro für die Bastfaserindustrie, Bielefeld
Vergleichende Untersuchungen zweier neuzeitlicher Ungleichmäßigkeitsprüfer für Bänder und Garne hinsichtlich ihrer Eignung für die Bastfaserspinnerei
1953, 64 Seiten, 30 Abb., DM 12,50

HEFT 27
Prof. Dr. E. Schratz, Münster
Untersuchungen zur Rentabilität des Arzneipflanzenanbaues Römische Kamille, Anthemis nobilis L.
1953, 16 Seiten, 1 Tabelle, DM 3,60

HEFT 28
Prof. Dr. E. Schratz, Münster
Calendula officinalis L. Studien zur Ernährung, Blütenfüllung und Rentabilität der Drogengewinnung
1953, 24 Seiten, 2 Abb., 3 Tabellen, DM 5,20

HEFT 29
Techn.-Wissenschaftl. Büro für die Bastfaserindustrie, Bielefeld
Die Ausnützung der Leinengarne in Geweben
1953, 100 Seiten, 14 Abb., 10 Tabellen, DM 17,80

HEFT 30
Gesellschaft für Kohlentechnik mbH., Dortmund-Eving
Kombinierte Entaschung und Verschwelung von Steinkohle; Aufarbeitung von Steinkohlenschlämmen zu verkokbarer oder verschwelbarer Kohle
1953, 56 Seiten, 16 Abb., 10 Tabellen, DM 10,50

HEFT 31
Dipl.-Ing. A. Stormanns, Essen
Messung des Leistungsbedarfs von Doppelsteg-Kettenförderern
1954, 54 Seiten, 18 Abb., 3 Anlagen, DM 11,—

HEFT 32
Techn.-Wissenschaftl. Büro für die Bastfaserindustrie, Bielefeld
Der Einfluß der Natriumchloridbleiche auf Qualität und Verwebbarkeit von Leinengarnen und die Eigenschaften der Leinengewebe unter besonderer Berücksichtigung des Einsatzes von Schützen- und Spulenwechselautomaten in der Leinenweberei
1953, 64 Seiten, 2 Abb., 12 Tabellen, DM 11,50

HEFT 33
Kohlenstoffbiologische Forschungsstation e. V.
Eine Methode zur Bestimmung von Schwefeldioxyd und Schwefelwasserstoff in Rauchgasen und in der Atmosphäre
1953, 32 Seiten, 8 Abb., 3 Tabellen, DM 6.50

HEFT 34
Textilforschungsanstalt Krefeld
Quellungs- und Entquellungsvorgänge bei Faserstoffen
1953, 52 Seiten, 13 Abb., 13 Tabellen, DM 9,80

WESTDEUTSCHER VERLAG · KÖLN UND OPLADEN

HEFT 35

Professor Dr. W. Kast, Krefeld
Feinstrukturuntersuchungen an künstlichen Zellulosefasern verschiedener Herstellungsverfahren. Teil I: Der Orientierungszustand
1953, 74 Seiten, 30 Abb., 7 Tabellen, DM 13,80

HEFT 36

Forschungsinstitut der feuerfesten Industrie, Bonn
Untersuchungen über die Trocknung von Rohton
Untersuchungen über die chemische Reinigung von Silika- und Schamotte-Rohstoffen mit chlorhaltigen Gasen
1953, 60 Seiten, 5 Abb., 5 Tabellen, DM 11,—

HEFT 37

Forschungsinstitut der feuerfesten Industrie, Bonn
Untersuchungen über den Einfluß der Probenvorbereitung auf die Kaltdruckfestigkeit feuerfester Steine
1953, 40 Seiten, 2 Abb., 5 Tabellen, DM 7,80

HEFT 38

Forschungsstelle für Acetylen, Dortmund
Untersuchungen über die Trocknung von Acetylen zur Herstellung von Dissousgas
1953, 36 Seiten, 11 Abb., 3 Tabellen, DM 6,80

HEFT 39

Forschungsgesellschaft Blechverarbeitung e. V., Düsseldorf
Untersuchungen an prägegemusterten und vorgelochten Blechen
1953, 46 Seiten, 34 Abb., DM 9,50

HEFT 40

Landesgeologe Dr.-Ing. W. Wolff, Amt für Bodenforschung, Krefeld
Untersuchungen über die Anwendbarkeit geophysikalischer Verfahren zur Untersuchung von Spateisengängen im Siegerland
1953, 46 Seiten, 8 Abb., DM 8,80

HEFT 41

Techn.-Wissenschaftl. Büro für die Bastfaserindustrie, Bielefeld
Untersuchungsarbeiten zur Verbesserung des Leinenwebstuhles II
1953, 40 Seiten, 4 Abb., 5 Tabellen, DM 7,80

HEFT 42

Professor Dr. B. Helferich, Bonn
Untersuchungen über Wirkstoffe — Fermente — in der Kartoffel und die Möglichkeit ihrer Verwendung
1953, 58 Seiten, 9 Abb., DM 11,—

HEFT 43

Forschungsgesellschaft Blechverarbeitung e. V., Düsseldorf
Forschungsergebnisse über das Beizen von Blechen
1953, 48 Seiten, 38 Abb., 2 Tabellen, DM 11,30

HEFT 44

Arbeitsgemeinschaft für praktische Dehnungsmessung, Düsseldorf
Eigenschaften und Anwendungen von Dehnungsmeßstreifen
1953, 68 Seiten, 43 Abb., 2 Tabellen, DM 13,70

HEFT 45

Losenhausenwerk Düsseldorfer Maschinenbau AG., Düsseldorf
Untersuchungen von störenden Einflüssen auf die Lastgrenzenanzeige von Dauerschwingprüfmaschinen
1953, 36 Seiten, 11 Abb., 3 Tabellen, DM 7,25

HEFT 46

Prof. Dr. W. Fuchs, Aachen
Untersuchungen über die Aufbereitung von Wasser für die Dampferzeugung in Benson-Kesseln
1953, 58 Seiten, 18 Abb., 9 Tabellen, DM 11,20

HEFT 47

Prof. Dr.-Ing. K. Krekeler, Aachen
Versuche über die Anwendung der induktiven Erwärmung zum Sintern von hochschmelzenden Metallen sowie zur Anlegierung und Vergütung von aufgespritzten Metallschichten mit dem Grundwerkstoff
1954, 66 Seiten, 39 Abb., DM 13,90

HEFT 48

Max-Planck-Institut für Eisenforschung, Düsseldorf
Spektrochemische Analyse der Gefügebestandteile in Stählen nach ihrer Isolierung
1953, 38 Seiten, 8 Abb., 5 Tabellen, DM 7,80

HEFT 49

Max-Planck-Institut für Eisenforschung, Düsseldorf
Untersuchungen über Ablauf der Desoxydation und die Bildung von Einschlüssen in Stählen
1953,52 Seiten, 19 Abb., 3 Tabellen, DM 12,40

HEFT 50

Max-Planck-Institut für Eisenforschung, Düsseldorf
Flammenspektralanalytische Untersuchung der Ferritzusammensetzung in Stählen
1953, 44 Seiten, 15 Abb., 4 Tabellen, DM 8,60

HEFT 51

Verein zur Förderung von Forschungs- und Entwicklungsarbeiten in der Werkzeugindustrie e. V., Remscheid
Untersuchungen an Kreissägeblättern für Holz, Fehler- und Spannungsprüfverfahren
1953, 50 Seiten, 23 Abb., DM 10,—

HEFT 52

Forschungsstelle für Acetylen, Dortmund
Untersuchungen über den Umsatz bei der explosiblen Zersetzung von Azetylen
a) Zersetzung von gasförmigem Azetylen
b) Zersetzung von an Silikagel adsorbiertem Azetylen
1954, 48 Seiten, 8 Abb., 10 Tabellen, DM 9,25

HEFT 53

Professor Dr.-Ing. H. Opitz, Aachen
Reibwert und Verschleißmessungen an Kunststoffgleitführungen für Werkzeugmaschinen
1954, 38 Seiten, 18 Abb., DM 8,20

HEFT 54

Professor Dr.-Ing. F. A. F. Schmidt, Aachen
Schaffung von Grundlagen für die Erhöhung der spez. Leistung und Herabsetzung des spez. Brennstoffverbrauches bei Ottomotoren mit Teilbericht über Arbeiten an einem neuen Einspritzverfahren
1954, 34 Seiten, 15 Abb., DM 7,40

HEFT 55

Forschungsgesellschaft Blechverarbeitung e. V. Düsseldorf
Chemisches Glänzen von Messing und Neusilber
1954, 50 Seiten, 21 Abb., 1 Tabelle, DM 10,20

HEFT 56

Forschungsgesellschaft Blechverarbeitung e. V., Düsseldorf
Untersuchungen über einige Probleme der Behandlung von Blechoberflächen
1954, 52 Seiten, 42 Abb., DM 11,20

HEFT 57

Prof. Dr.-Ing. F. A. F. Schmidt, Aachen
Untersuchungen zur Erforschung des Einflusses des chemischen Aufbaues des Kraftstoffes auf sein Verhalten im Motor und in Brennkammern von Gasturbinen
1954, 70 Seiten, 32 Abb., DM 14,60

HEFT 58

Gesellschaft für Kohlentechnik mbH., Dortmund
Herstellung und Untersuchung von Steinkohlenschwelteer
1954, 74 Seiten, 9 Abb., 9 Tabellen, DM 13,75

HEFT 59

Forschungsinstitut der Feuerfest-Industrie e. V., Bonn
Ein Schnellanalysenverfahren zur Bestimmung von Aluminiumoxyd, Eisenoxyd und Titanoxyd in feuerfestem Material mittels organischer Farbreagenzien auf photometrischem Wege
Untersuchungen des Alkali-Gehaltes feuerfester Stoffe mit dem Flammenphotometer nach Riehm-Lange
1954, 62 Seiten, 12 Abb., 3Tabellen, DM 11,60

HEFT 60

Forschungsgesellschaft Blechverarbeitung e. V., Düsseldorf
Untersuchungen über das Spritzlackieren im elektrostatischen Hochspannungsfeld
1954, 82 Seiten, 53 Abb., 7 Tabellen, DM 17,—

HEFT 61

Verein zur Förderung von Forschungs- und Entwicklungsarbeiten in der Werkzeugindustrie e. V., Remscheid
Schwingungs- und Arbeitsverhalten von Kreissägeblättern für Holz
1954, 54 Seiten, 31 Abb., DM 11,40

HEFT 62

Professor Dr. W. Franz, Institut für theoretische Physik der Universität Münster
Berechnung des elektrischen Durchschlags durch feste und flüssige Isolatoren
1954, 36 Seiten, DM 7,—

HEFT 63

Textilforschungsanstalt Krefeld
Neue Methoden zur Untersuchung der Wirkungsweise von Textilhilfsmitteln
Untersuchungen über Schlichtungs- und Entschlichtungsvorgänge
1954, 34 Seiten, 1 Abb., 5 Tabellen, DM 6,80

HEFT 64

Textilforschungsanstalt Krefeld
Die Kettenlängenverteilung von hochpolymeren Faserstoffen
Über die fraktionierte Fällung von Polyamiden
1954, 44 Seiten, 13 Abb., DM 8,60

HEFT 65

Fachverband Schneidwarenindustrie, Solingen
Untersuchungen über das elektrolytische Polieren von Tafelmesserklingen aus rostfreiem Stahl
1954, 90 Seiten, 38 Abb., 9 Tabellen, DM 17,35

HEFT 66

Dr.-Ing. P. Füsgen VDI †, Düsseldorf
Untersuchungen über das Auftreten des Ratterns bei selbsthemmenden Schneckengetrieben und seine Verhütung
1954, 32 Seiten, 5 Abb., DM 6,60

HEFT 67

Heinrich Wösthoff o. H. G., Apparatebau, Bochum
Entwicklung einer chemisch-physikalischen Apparatur zur Bestimmung kleinster Kohlenoxyd-Konzentrationen
1954, 94 Seiten, 48 Abb., 2 Tabellen, DM 18,25

HEFT 68

Kohlenstoffbiologische Forschungsstation e. V., Essen
Algengroßkulturen im Sommer 1952
II. Über die unsterile Großkultur von Scenedesmus obliquus
1954, 62 Seiten, 3 Abb., 29 Tabellen, DM 11,40

HEFT 69

Wäschereiforschung Krefeld
Bestimmung des Faserabbaues bei Leinen unter besonderer Berücksichtigung der Leinengarnbleiche
1954, 48 Seiten, 15 Abb., 3 Tabellen, DM 9,60

HEFT 70

Wäschereiforschung Krefeld
Trocknen von Wäschestoffen
1954, 52 Seiten, 18 Abb., 3 Tabellen, DM 10,—

HEFT 71

Prof. Dr.-Ing. K. Leist, Aachen
Kleingasturbinen, insbesondere zum Fahrzeugantrieb
1954, 114 Seiten, 85 Abb., DM 22,—

HEFT 72

Prof. Dr.-Ing. K. Leist, Aachen
Beitrag zur Untersuchung von stehenden geraden Turbinengittern mit Hilfe von Druckverteilungsmessungen
1954, 152 Seiten, 111 Abb., DM 36,20

HEFT 73

Prof. Dr.-Ing. K. Leist, Aachen
Spannungsoptische Untersuchungen von Turbinenschaufelfüßen
1954, 66 Seiten, 46 Abb., 2 Tabellen, DM 14,60

HEFT 74

Max-Planck-Institut für Eisenforschung, Düsseldorf
Versuche zur Klärung des Umwandlungsverhaltens eines sonderkarbidbildenden Chromstahls
1954, 58 Seiten, 10 Abb., DM 14,—

HEFT 75

Max-Planck-Institut für Eisenforschung, Düsseldorf
Zeit-Temperatur-Umwandlungs-Schaubilder als Grundlage der Wärmebehandlung der Stähle
1954, 44 Seiten, 13 Abb., DM 8,70

HEFT 76

Max-Planck-Institut für Arbeitsphysiologie, Dortmund
Arbeitstechnische und arbeitsphysiologische Rationalisierung von Mauersteinen
1954, 52 Seiten, 12 Abb., 3 Tabellen, DM 10,20

HEFT 77

Meteor Apparatebau Paul Schmeck GmbH., Siegen
Entwicklung von Leuchtstoffröhren hoher Leistung
1954, 46 Seiten, 12 Abb., 2 Tabellen, DM 9,15

HEFT 78

Forschungsstelle für Acetylen, Dortmund
Über die Zustandsgleichung des gasförmigen Acetylens und das Gleichgewicht Acetylen — Aceton
1954, 42 Seiten, 3 Abb., 8 Tabellen, DM 8,—

HEFT 79

Techn.-Wissenschaftl. Büro für die Bastfaserindustrie, Bielefeld
Trocknung von Leinengarnen III
Spinnspulen- und Spinnkopstrockung
Vorgang und Einwirkung auf die Garnqualität
1954, 74 Seiten, 18 Abb., 10 Tabellen, DM 14,—

HEFT 80

Techn.-Wissenschaftl. Büro für die Bastfaserindustrie, Bielefeld
Die Verarbeitung von Leinengarn auf Webstühlen mit und ohne Oberbau
1954, 30 Seiten, 2 Abb., 2 Tabellen, DM 6,—

HEFT 81

Prüf- und Forschungsinstitut für Ziegeleierzeugnisse, Essen-Kray
Die Einführung des großformatigen Einheits-Gitterziegels im Lande Nordrhein-Westfalen
1954, 54 Seiten, 2 Abb., 2 Tabellen, DM 10,—

HEFT 82

Vereinigte Aluminium-Werke AG., Bonn
Forschungsarbeiten auf dem Gebiet der Veredelung von Aluminium-Oberflächen
1954, 46 Seiten, 34 Abb., DM 9,60

HEFT 83

Prof. Dr. S. Strugger, Münster
Über die Struktur der Proplastiden
1954, 30 Seiten, 15 Abb., DM 8,40

HEFT 84

Dr. H. Baron, Düsseldorf
Über Standardisierung von Wundtextilien
1954, 32 Seiten, DM 6,40

HEFT 85

Textilforschungsanstalt Krefeld
Physikalische Untersuchungen an Fasern, Fäden, Garnen und Geweben:
Untersuchungen am Knickscheuergerät nach Weltzien
1954, 40 Seiten, 11 Abb., 8 Tabellen, DM 10,—

HEFT 86

Prof. Dr.-Ing. H. Opitz, Aachen
Untersuchungen über das Fräsen von Baustahl sowie über den Einfluß des Gefüges auf die Zerspanbarkeit
1954, 108 Seiten, 73 Abb., 7 Tabellen, DM 22,—

HEFT 87

Gemeinschaftsausschuß Verzinken, Düsseldorf
Untersuchungen über Güte von Verzinkungen
1954, 68 Seiten, 56 Abb., 3 Tabellen, DM 15,30

HEFT 88

Gesellschaft für Kohlentechnik mbH., Dortmund-Eving
Oxydation von Steinkohle mit Salpetersäure
1954, 62 Seiten, 2 Abb., 1 Tabelle, DM 11,50

HEFT 89

Verein Deutscher Ingenieure, Gleitlagerforschung, Düsseldorf
und Prof. Dr.-Ing. G. Vogelpohl, Göttingen
Versuche mit Preßstoff-Lagern für Walzwerke
1954, 70 Seiten, 34 Abb., DM 14,10

HEFT 90

Forschungs-Institut der Feuerfest-Industrie, Bonn
Das Verhalten von Silikasteinen im Siemens-Martin-Ofengewölbe
1954, 62 Seiten, 15 Abb., 11 Tabellen, DM 11,90

HEFT 91

Forschungs-Institut der Feuerfest-Industrie, Bonn
Untersuchungen des Zusammenhangs zwischen Leistung und Kohlenverbrauch von Kammeröfen zum Brennen von feuerfesten Materialien
1954, 42 Seiten, 6 Abb., DM 8,30

HEFT 92

Techn.-Wissenschaftl. Büro für die Bastfaserindustrie, Bielefeld
und Laboratorium für textile Meßtechnik, M.-Gladbach
Messungen von Vorgängen am Webstuhl
1954, 76 Seiten, 45 Abb., DM 15,50

HEFT 93

Prof. Dr. W. Kast, Krefeld
Spinnversuche zur Strukturerfassung künstlicher Zellulosefasern
1954, 82 Seiten, 39 Abb., 6 Tabellen, DM 16,—

HEFT 94

Prof. Dr. G. Winter, Bonn
Die Heilpflanzen des MATTHIOLUS (1611) gegen Infektionen der Harnwege und Verunreinigung der Wunden bzw. zur Förderung der Wundheilung im Lichte der Antibiotikaforschung
1954, 58 Seiten, 1 Abb., 2 Tabellen, DM 11,50

HEFT 95

Prof. Dr. G. Winter, Bonn
Untersuchungen über die flüchtigen Antibiotika aus der Kapuziner- (Tropaeolum maius) und Gartenkresse (Lepidium sativum) und ihr Verhalten im menschlichen Körper bei Aufnahme von Kapuziner- bzw. Gartenkressensalat per os
1955, 74 Seiten, 9 Abb., 25 Tabellen, DM 14,—

HEFT 96

Dr.-Ing. P. Koch, Dortmund
Austritt von Exoelektronen aus Metalloberflächen unter Berücksichtigung der Verwendung des Effektes für die Materialprüfung
1954, 34 Seiten, 13 Abb., DM 7,—

HEFT 97

Ing. H. Stein, Laboratorium für textile Meßtechnik, M.-Gladbach
Untersuchung der Verzugsvorgänge an den Streckwerken verschiedener Spinnereimaschinen
2. Bericht: Ermittlung der Haft-Gleiteigenschaften von Faserbändern und Vorgarnen
1955, 98 Seiten, 54 Abb., DM 21,—

HEFT 98

Fachverband Gesenkschmieden, Hagen
Die Arbeitsgenauigkeit beim Gesenkschmieden unter Hämmern
1955, 132 Seiten, 55 Abb., 9 Tabellen, DM 24,75

HEFT 99

Prof. Dr.-Ing. G. Garbotz, Aachen
Der Kraft- und Arbeitsaufwand sowie die Leistungen beim Biegen von Bewehrungsstählen in Abhängigkeit von den Abmessungen, den Formen und der Güte der Stähle (Ermittlung von Leistungsrichtlinien)
1955, 136 Seiten, 53 Abb., 3 Anlagen, 18 Tabellen, DM 30,—

HEFT 100

Prof. Dr.-Ing. H. Opitz, Aachen
Untersuchungen von elektrischen Antrieben, Steuerungen und Regelungen an Werkzeugmaschinen
1955, 166 Seiten, 71 Abb., 3 Tabellen, DM 31,30

HEFT 101

Prof. Dr.-Ing. H. Opitz, Aachen
Wirtschaftlichkeitsbetrachtungen beim Außenrundschleifen
1955, 100 Seiten, 56 Abb., 3 Tabellen, DM 19,30

HEFT 102

Dr. P. Hölemann, Ing. R. Hasselmann und Ing. G. Dix, Dortmund
Untersuchungen über die thermische Zündung von explosiblen Acetylenzersetzungen in Kapillaren
1954, 44 Seiten, 5 Abb., 4 Tabellen, DM 8,60

HEFT 103

Prof. Dr. W. Weizel, Bonn
Durchführung von experimentellen Untersuchungen über den zeitlichen Ablauf von Funken in komprimierten Edelgasen sowie zu deren mathematischen Berechnung
1955, 46 Seiten, 12 Abb., DM 9,10

HEFT 104

Prof. Dr. W. Weizel, Bonn
Über den Einfluß der Elektroden auf die Eigenschaften von Cadmium-Sulfid-Widerstands-Photozellen
1955, 48 Seiten, 12 Abb., DM 9,45

HEFT 105

Dr.-Ing. R. Meldau, Harsewinkel/Westf.
Auswertung von Gekörn — Analysen des Musterstaubes „Flugasche Fortuna I"
1955, 42 Seiten, 14 Abb., DM 8,50

HEFT 106

ORR. Dr.-Ing. W. Küch, Dortmund
Untersuchungen über die Einwirkung von feuchtigkeitsgesättigter Luft auf die Festigkeit von Leimverbindungen
1954, 60 Seiten, 10 Abb., 6 Tabellen, DM 11,40

HEFT 107

Prof. Dr. H. Lange und Dipl.-Phys. P. St. Pütter, Köln
Über die Konstruktion von Laboratoriumsmagneten
1955, 66 Seiten, 19 Abb., 1 Tabelle, DM 12,30

HEFT 108

Prof. Dr. W. Fuchs, Aachen
Untersuchungen über neue Beizmethoden und Beizabwässer
I. Die Entzunderung von Drähten mit Natriumhydrid
II. Die Aufbereitung von Beizabwässern
1955, 82 Seiten, 15 Abb., 14 Tabellen, 1 Falttafel, DM 15,25

HEFT 109

Dr. P. Hölemann und Ing. R. Hasselmann, Dortmund
Untersuchungen über die Löslichkeit von Azetylen in verschiedenen organischen Lösungsmitteln
1954, 42 Seiten, 10 Abb., 8 Tabellen, DM 8,30

HEFT 110

Dr. P. Hölemann und Ing. R. Hasselmann, Dortmund
Untersuchungen über den Druckverlauf bei der explosiblen Zersetzung von gasförmigem Azetylen
1955, 54 Seiten, 10 Abb., 5 Tabellen, DM 11,—

HEFT 111

Fachverband Steinzeugindustrie, Köln
Die Entwicklung eines Gerätes zur Beschickung seitlicher Feuer von Steinzeug-Einzelkammeröfen mit festen Brennstoffen
1955, 46 Seiten, 16 Abb., DM 9,40

HEFT 112

Prof. Dr.-Ing. H. Opitz, Aachen
Verschleißmessungen beim Drehen mit aktivierten Hartmetallwerkzeugen
1954, 44 Seiten, 17 Abb., 6 Tabellen, DM 8,80

HEFT 113

Prof. Dr. O. Graf, Dortmund
Erforschung der geistigen Ermüdung und nervösen Belastung: Studien über die vegetative 24-Stunden-Rhythmik in Ruhe und unter Belastung
1955, 40 Seiten, 12 Abb., DM 8,20

HEFT 114

Prof. Dr. O. Graf, Dortmund
Studien über Fließarbeitsprobleme an einer praxisnahen Experimentieranlage
1954, 34 Seiten, 6 Abb., DM 7,—

HEFT 115

Prof. Dr. O. Graf, Dortmund
Studium über Arbeitspausen in Betrieben bei freier und zeitgebundener Arbeit (Fließarbeit) und ihre Auswirkung auf die Leistungsfähigkeit
1955, 50 Seiten, 13 Abb., 2 Tabellen, DM 9,80

HEFT 116

Prof. Dr.-Ing. E. Siebel und Dr.-Ing. H. Weiss, Stuttgart
Untersuchungen an einigen Problemen des Tiefziehens — I. Teil
1955, 74 Seiten, 50 Abb., 5 Tabellen, DM 14,50

HEFT 117

Dr.-Ing. H. Beißwänger, Stuttgart, und Dr.-Ing. S. Schwandt, Trier
Untersuchungen an einigen Problemen des Tiefziehens — II. Teil
1955, 92 Seiten, 34 Abb., 8 Tabellen, DM 17,70

HEFT 118

Prof. Dr. E. A. Müller und Dr. H. G. Wenzel, Dortmund
Neuartige Klima-Anlage zur Erzeugung ungleicher Luft- und Strahlungstemperaturen in einem Versuchsraum
1955, 68 Seiten, 10 z. T. mehrfarb. Abb., DM 14,—

HEFT 119

Dr.-Ing. O. Viertel, Krefeld
Wäscherei- und energietechnische Untersuchung einer Gemeinschafts-Waschanlage
1955, 50 Seiten, 18 Abb., DM 10,20

HEFT 120

Dipl.-Ing. A. Weisbecker, Lüdenscheid
Über Anfressung an Reinstaluminium-Schweißnähten bei der elektrolytischen Oxydation
Gebr. Hörstermann GmbH., Velbert
Entwicklung und Erprobung eines neuartigen Gummibandförderers
1955, 46 Seiten, 18 Abb., DM 9,70

HEFT 121

Dr. H. Krebs, Bonn
I. Die Struktur und die Eigenschaften der Halbmetalle
II. Die Bestimmung der Atomverteilung in amorphen Substanzen
III. Die chemische Bindung in anorganischen Festkörpern und das Entstehen metallischer Eigenschaften
1955, 124 Seiten, 36 Abb., 13 Tabellen, DM 22,90

HEFT 122

Prof. Dr. W. Fuchs, Aachen
Untersuchungen zur Verbesserung der Wasseraufbereitung und Wasseranalyse:
Über die Schnellbewertung von Ionenaustauscher
1955, 62 Seiten, 32 Abb., DM 12,30

HEFT 123

Dipl.-Ing. J. Emondts, Aachen
Über Bodenverformungen bei stark gestörtem und mächtigem, wasserführendem Deckgebirge im Aachener Steinkohlengebiet
1955, 196 Seiten, 37 Abb., 10 Tabellen, DM 28,80

HEFT 124

Prof. Dr. R. Seyffert, Köln
Wege und Kosten der Distribution der Hausratwaren im Lande Nordrhein-Westfalen
1955, 74 Seiten, 25 Tabellen, DM 9,—

HEFT 125

Prof. Dr. E. Kappler, Münster
Eine neue Methode zur Bestimmung von Kondensations-Koeffizienten von Wasser
1955, 46 Seiten, 11 Abb., 1 Tabelle, DM 9,10

HEFT 126

Prof. Dr.-Ing. J. Mathieu, Aachen
Arbeitszeitvergleich
Grundlagen, Methodik u. praktische Durchführung
1955, 70 Seiten, DM 13,—

HEFT 127

Güteschutz Betonstein e. V., Arbeitskreis Nordrhein-Westfalen, Dortmund
Die Betonwaren-Gütesicherung im Lande Nordrhein-Westfalen
1955, 58 Seiten, 15 Abb., 3 Tabellen, DM 11,50

HEFT 128

Prof. Dr. O. Schmitz-DuMont, Bonn
Untersuchungen über Reaktionen in flüssigem Ammoniak
1955, 96 Seiten, 11 Abb., 6 Tabellen, DM 17,75

HEFT 129

Prof. Dr.-Ing. J. Mathieu und Dr. C. A. Roos, Aachen
Die Anlernung von Industriearbeitern
I. Ergebnisse einer grundsätzlichen Untersuchung der gegenwärtigen Industriearbeiter-Kurzanlernung
1955, 106 Seiten, DM 19,70

HEFT 130

Prof. Dr.-Ing. J. Mathieu und Dr. C. A. Roos, Aachen
Die Anlernung von Industriearbeitern
II. Beiträge zur Methodenfrage der Kurzanlernung
1955, 108 Seiten, DM 19,90

HEFT 131

Dr. W. Hoerburger, Köln
Versuche zur Biosynthese von Eiweiß aus Kohlenwasserstoff
1955, 34 Seiten, 2 Abb., DM 6,90

HEFT 132

Prof. Dr. W. Seith, Münster
Über Diffusionserscheinungen in festen Metallen
1955, 42 Seiten, 19 Abb., 4 Tabellen, DM 9,10

HEFT 133

Prof. Dr. E. Jenckel, Aachen
Über einen für Schwermetalle selektiven Ionenaustauscher
1955, 48 Seiten, 8 Abb., 13 Tabellen, DM 9,50

HEFT 134

Prof. Dr.-Ing. H. Winterhager, Aachen
Über die elektrochemischen Grundlagen der Schmelzfluß-Elektrolyse von Bleisulfid in geschmolzenen Mischungen mit Bleichlorid
1955, 54 Seiten, 20 Abb., 5 Tabellen, DM 11,80

HEFT 135

Prof. Dr.-Ing. K. Krekeler und Dr.-Ing. H. Peukert, Aachen
Die Änderung der mechanischen Eigenschaften thermoplastischer Kunststoffe durch Warmrecken
1955, 54 Seiten, 27 Abb., DM 11,10

HEFT 136

Dipl.-Phys. P. Pilz, Remscheid
Über spezielle Probleme der Zerkleinerungstechnik von Weichstoffen
1955, 58 Seiten, 19 Abb., 2 Tabellen, DM 11,50

HEFT 137

Prof. Dr. W. Baumeister, Münster
Beiträge zur Mineralstoffernährung der Pflanzen
1955, 64 Seiten, 6 Tabellen, DM 11,80

HEFT 138

Dr. P. Hölemann und Ing. R. Hasselmann, Dortmund
Untersuchungen über die Zersetzungswärme von gasförmigem und in Azeton gelöstem Azetylen
1955, 54 Seiten, 8 Abb., 7 Tabellen, DM 10,40

HEFT 139

Prof. Dr. W. Fuchs, Aachen
Studien über die thermische Zersetzung der Kohle und die Kohlendestillatprodukte
1955, 64 Seiten, 20 Abb., 22 Tabellen, DM 11,80

HEFT 140

Dr.-Ing. G. Hausberg, Essen
Modellversuche an Zyklonen
1955, 78 Seiten, 24 Abb., DM 15,70

HEFT 141

Dr. J. van Calker und Dr. R. Wienecke, Münster
Untersuchungen über den Einfluß dritter Analysenpartner auf die spektrochemische Analyse
1955, 42 Seiten, 15 Abb., DM 9,10

HEFT 142

Dipl.-Ing. G. M. F. Wiebel, Hannover, A. Konermann und A. Ottenheym, Sennelager
Entwicklung eines Kalksandleichtsteines
1955, 38 Seiten, 4 Abb., DM 8,—

HEFT 143

Prof. Dr. F. Wever, Dr. A. Rose und Dipl.-Ing. W. Straßburg, Düsseldorf
Härtbarkeit u. Umwandlungsverhalten der Stähle
1955, 50 Seiten, 12 Abb., 3 Tabellen, DM 10,70

HEFT 144

Prof. Dr. H. Wurmbach, Bonn
Steuerung von Wachstum und Formbildung
1955, 48 Seiten, 19 Abb., DM 10,30

HEFT 145

Dr. G. Hennemann, Werdohl (Westf.)
Beitrag zur Interpretation der modernen Atomphysik
1955, 34 Seiten, DM 10,—

HEFT 146

Dr.-Ing. F. Gruß, Düsseldorf
Sterilisation mit Heißluft
1955, 34 Seiten, 10 Abb., DM 7.70

HEFT 147

Dr.-Ing. W. Rudisch, Unna
Untersuchung einer drehelastischen Elektromagnet-Synchronkupplung
1955, 82 Seiten, 65 Abb., DM 17,70

HEFT 148

Prof. Dr. H. Bittel u. Dipl.-Phys. L. Storm, Münster
Untersuchungen über Widerstandsrauschen
1955, 40 Seiten, 5 Abb., DM 8,40

HEFT 149

Dipl.-Ing. K. Konopicky und Dipl.-Chem. P. Kampa, Bonn
I. Beitrag zur flammenphotometrischen Bestimmung des Calciums.
Dr.-Ing. K. Konopicky, Bonn
II. Die Wanderung von Schlackenbestandteilen in feuerfesten Baustoffen
1955, 54 Seiten, 10 Abb., 5 Tabellen, DM 11,—

HEFT 150

Prof. Dr.-Ing. O. Kienzle und Dipl.-Ing. W. Timmerbeil, Hannover
Das Durchziehen enger Kragen an ebenen Fein- und Mittelblechen
1955, 52 Seiten, 20 Abb., 8 Tabellen, DM 11,30

HEFT 151

Dipl.-Ing. P. Karabasch, Aachen
Feststellung des optimalen Gasgehaltes von Bronzen zur Erzielung druckdichter Gußstücke
in Vorbereitung

HEFT 152

Dipl.-Ing. G. Müller, Köln
Ermittlung der Laufeigenschaften (Vergießbarkeit) von Bronze und Rotguß mittels der Schneider-Gießspirale
1955, 60 Seiten, 33 Abb., DM 13,30

HEFT 153

Prof. Dr. F. Wever, Dr.-Ing. W. A. Fischer und Dipl.-Ing. J. Engelbrecht, Düsseldorf
I. Die Reduktion sauerstoffhaltiger Eisenschmelzen im Hochvakuum mit Wasserstoff und Kohlenstoff
II. Einfluß geringer Sauerstoffgehalte auf das Gefüge und Alterungsverhalten von Reineisen
1955, 54 Seiten, 15 Abb., 2 Tabellen, DM 12,40

HEFT 154

Prof. Dr.-Ing. P. Bardenheuer und Dr.-Ing. W. A. Fischer, Düsseldorf
Die Verschlackung von Titan aus Stahlschmelzen im sauren und basischen Hochfrequenzofen unter verschiedenen Schlacken
1955, 36 Seiten, 10 Abb., 1 Tabelle, DM 7,95

HEFT 155

Dipl.-Phys. K. H. Schirmer, München
Die auf Grau abgestimmte Farbwiedergabe im Dreifarbenbuchdruck
1955, 46 Seiten, 17 Abb., 2 Farbtafeln, DM. 10,—

HEFT 156

Prof. Dr.-Ing. B. von Borries und Mitarbeiter, Düsseldorf
Die Entwicklung regelbarer permanentmagnetischer Elektronenlinsen hoher Brechkraft und eines mit ihnen ausgerüsteten Elektronenmikroskopes neuer Bauart
in Vorbereitung

HEFT 157

Dr. W. Jawtusch, Dr. G. Schuster und Prof. Dr.-Ing. R. Jaeckel, Bonn
Untersuchungen über die Stoßvorgänge zwischen neutralen Atomen und Molekülen
1955, 48 Seiten, 15 Abb., 3 Tabellen, DM 10,50

HEFT 158

Dipl.-Ing. W. Rosenkranz, Meinerzhagen
Ein Beitrag zum Problem der Spannungskorrosion bei Preßprofilen und Preßteilen aus Aluminium-Legierungen
in Vorbereitung

HEFT 159

Dr.-Ing. O. Viertel und O. Oldenroth, Krefeld
Das Bleichen von Weißwäsche mit Wasserstoffsuperoxyd bzw. Natriumhypochlorit beim maschinellen Waschen
1955, 54 Seiten, 23 Abb., 2 Tabellen, DM 11,45

HEFT 160

Prof. Dr. W. Klemm, Münster
Über neue Sauerstoff- und Fluor-haltige Komplexe
1955, 50 Seiten, 13 Abb., 7 Tabellen, DM 10,80

HEFT 161

Prof. Dr. W. Weltzien und Dr. G. Hauschild, Krefeld
Über Silikone und ihre Anwendung in der Textilveredlung
1955, 162 Seiten, 22 Abb., 10 Tabellen, DM 27,—

HEFT 162

Prof. Dr. F. Wever, Prof. Dr. A. Kochendörfer und Dr.-Ing. Chr. Rohrbach, Düsseldorf
Kennzeichnung der Sprödbruchneigung von Stählen durch Messung der Fließspannung, Reißspannung und Brucheinschnürung an dreiachsig beanspruchten Proben
1955, 58 Seiten, 26 Abb., DM 13,—

HEFT 163

Dipl.-Ing. W. Rohs und Text.-Ing. H. Griese, Bielefeld
Untersuchungsarbeiten zur Verbesserung des Leinenwebstuhls III
1955, 80 Seiten, 15 Abb., 18 Tabellen, DM 15,80

HEFT 164

Dr.-Ing. H. Schmachtenberg, Köln
Neuartige Prüfeinrichtungen für Kraftfahrzeuge
1955, 44 Seiten, 23 Abb., DM 9,60

HEFT 165

Dr.-Ing. W. Wilhelm, Aachen
Instationäre Gasströmung im Auspuffsystem eines Zweitaktmotors
1955, 62 Seiten, 31 Abb., 8 Tabellen, DM 13,60

HEFT 166

Prof. Dr. M. v. Stackelberg, Dr. H. Heindze, Dr. H. Hübschke und Dr. K. H. Frangen, Bonn
Kolloidchemische Untersuchungen
1955, 106 Seiten, 8 Abb., 13 Tabellen, DM 21,25

HEFT 167

Prof. Dr.-Ing. F. Schuster, Essen
I. Über die Heißkarburierung von Brenngasen mit Ölen und Teeren
II. Die Strahlungsvorgänge in brennstoffbeheizten Öfen bei verschiedenen Verbrennungsatmosphären
1955, 38 Seiten, 8 Abb., DM 8,30

HEFT 168

Prof. Dr.-Ing. F. Schuster, Essen
I. Luftvorwärmung an Gasfeuerungen
II. Heizwerthöhe von Brenngasen und Wirkungsgrad sowie Gasverbrauch bei der Gasverwendung
III. Sauerstoffangereicherte Luft und feuerungstechnische Kenngrößen von Brenngasen
1955, 60 Seiten, 18 Abb., DM 12,50

HEFT 169

Forschungsinstitut für Pigmente und Lacke, Stuttgart
Arbeiten über die Bestimmung des Gebrauchswertes von Lackfilmen durch physikalische Prüfungen
1955, 70 Seiten, 23 Abb., 4 Tabellen, DM 15,—

HEFT 170

Prof. Dr. F. Wever, Dr. A. Rose und Dipl.-Ing. L. Rademacher, Düsseldorf
Anwendung der Umwandlungsschaubilder auf Fragen der Werkstoffauswahl beim Schweißen und Flammhärten
1955, 64 Seiten, 25 Abb., DM 13,70

WESTDEUTSCHER VERLAG · KÖLN UND OPLADEN

HEFT 171

Wäschereiforschung Krefeld
Untersuchung der Wäscheentwässerung mit Hilfe von Zentrifugen und Pressen
1955, 42 Seiten, 16 Abb., 4 Tabellen, DM 9,70

HEFT 172

Dipl.-Ing. W. Rohs, Dr.-Ing. G. Satlow und Text.-Ing. G. Heller, Bielefeld
Trocknung von Hanfgarnen. Kreuzspultrocknung
1955, 60 Seiten, 7 Abb., 4 Tabellen, DM 10,30

HEFT 173

Prof. Dr. R. Hosemann und Dipl.-Phys. G. Schoknecht, Berlin, vorgelegt von Prof. Dr. W. Kast, Krefeld
Lichtoptische Herstellung und Diskussion der Faltungsquadrate parakristalliner Gitter
in Vorbereitung

HEFT 174

Prof. Dr. W. von Fragstein, Dr. J. Meingast und H. Hoch, Köln
Herstellung von Solen einheitlicher Teilchengröße und Ermittlung ihrer optischen Eigenschaften
1955, 78 Seiten, 80 Abb., 4 Tabellen, DM 18,25

HEFT 175

Dr.-Ing. H. Zeller, Aachen
Beitrag zur eindimensionalen stationären und nichtstationären Gasströmung mit Reibung und Wärmeleitung insbesondere in Rohren mit unstetigen Querschnittsänderungen
in Vorbereitung

HEFT 176

Dipl.-Ing. H. Schöberl, Duisburg
Über die Methoden zur Ermittlung der Verbrennungstemperatur von Brennstoffen und ein Vorschlag zu ihrer Verbesserung
1955, 30 Seiten, 3 Abb., DM 6,50

HEFT 177

Dipl.-Ing. H. Stüdemann, Solingen, und Dr.-Ing. W. Müchler, Essen
Entwicklung eines Verfahrens zur zahlenmäßigen Bestimmung der Schneideigenschaften von Messerklingen
in Vorbereitung

HEFT 178

Prof. Dr. M. von Stackelberg u. Dr. W. Hans, Bonn
Untersuchungen zur Ausarbeitung und Verbesserung von polarographischen Analysenmethoden
1955, 46 Seiten, 14 Abb., DM 10,50

HEFT 179

Dipl.-Ing. H. F. Reineke, Bochum
Entwicklungsarbeiten auf dem Gebiete der Meß- und Regeltechnik
1955, 46 Seiten, 10 Abb., DM 10,—

HEFT 180

Dr.-Ing. W. Piepenburg, Dipl.-Ing. B. Bühling und Bauing. J. Behnke, Köln
Putzarbeiten im Hochbau und Versuche mit aktiviertem Mörtel und mechanischem Mörtelauftrag
1955, 116 Seiten, 31 Abb., 68 Tabellen, DM 23,—

HEFT 181

Prof. Dr. W. Franz, Münster
Theorie der elektrischen Leitvorgänge in Halbleitern und isolierenden Festkörpern bei hohen elektrischen Feldern
1955, 28 Seiten, 2 Abb., 1 Tabelle, DM 6,20

HEFT 182

Dr.-Ing. P. Schenk u. Dr. K. Osterloh, Düsseldorf
Katalytisch-thermische Spaltung von gasförmigen und flüssigen Kohlenwasserstoffen zur Spitzengaserzeugung
1955, 50 Seiten, 11 Abb., 11 Tabellen, DM 10,90

HEFT 183

Dr. W. Bornheim, Köln
Entwicklungsarbeiten an Flaschen- und Ampullen-Behandlungsmaschinen für die pharmazeutische Industrie
in Vorbereitung

HEFT 184

Dr.-Ing. E. Printz, Kettwig
Vollhydraulische Parallel-Kupplung für Ackerschlepper
1955, 32 Seiten, 4 Abb., DM 7,80

HEFT 185

Dipl.-Ing. W. Rohs und Text.-Ing. G. Heller, Bielefeld
Studien an einem neuzeitlichen Kreuzspultrockner für Bastfasergarne mit Wiederbefeuchtungszone
1955, 52 Seiten, 9 Abb., 3 Tabellen, DM 10,70

HEFT 186

Dr. E. Wedekind, Krefeld
Untersuchungen zur Arbeitsbestgestaltung bei der Fertigstellung von Oberhemden in gewerblichen Wäschereien
1955, 124 Seiten, 28 Abb., 6 Tabellen, 2 Falttaf., DM 12,—

HEFT 187

Dipl.-Ing. F. Göttgens, Essen
Über die Eigenarten der Bimetall-, Thermo- und Flammenionisationssicherungsmethode in ihrer Anwendung auf Zündsicherungen
1955, 40 Seiten, 6 Abb., 4 Tabellen, DM 8,40

HEFT 188

W. Kinnebrock, Langenberg (Rhld.)
Der Einfluß des Austausches gleicher Gaskochbrenner bzw. Gaskochbrennerteile auf den Wirkungsgrad und insbesondere auf den CO-Gehalt der Verbrennungsgase
1955, 42 Seiten, 7 Tabellen, DM 8,70

HEFT 189

Fa. E. Leybold's Nachfolger, Köln
I. Ausgewählte Kapitel aus der Vakuumtechnik
II. Zum Verlust anorganisch-nichtflüchtiger Substanzen während der Gefriertrocknung
1955, 52 Seiten, 16 Abb, 3 Tabellen, DM 11,20

HEFT 190

Prof. Dr. A. Neuhaus, Prof. Dr O. Schmitz-DuMont und Dipl.-Chem. H. Reckhard, Bonn
Zur Kenntnis der Alkalititanate
1955, 60 Seiten, 13 Abb., 1 Tabelle, DM 12,20

HEFT 191

Dr. H. Söhngen, Darmstadt
Schwingungsverhalten eines Schaufelkranzes im Vakuum
1955, 36 Seiten, 7 Abb., DM 7,80

HEFT 192

Dipl.-Phys. E. M. Schneider, München
Kohlebogenlampen für Aufnahme und Kopie
1955, 48 Seiten, 21 Abb., 3 Tabellen, DM 10,60

HEFT 193

Prof. Dr. O. Schmitz-DuMont, Bonn
Untersuchungen über neue Pigmentfarbstoffe
in Vorbereitung

HEFT 194

Dr. K. Hecht, Köln
Entwicklung neuartiger physikalischer Unterrichtsgeräte
1955, 42 Seiten, 16 Abb., DM 9,90

HEFT 195

Dr.-Ing. E. Rößger, Köln
Gedanken über einen neuen deutschen Luftverkehr
1955, 342 Seiten, 29 Abb., 122 Tabellen, DM 50,—

HEFT 196

Dipl.-Ing. W. Rohs und Text.-Ing. H. Griese, Bielefeld
Auswirkungen von Garnfehlern bei der Verarbeitung von Leinengarnen
1955, 36 Seiten, 3 Abb., 6 Tabellen, DM 7,80

HEFT 197

Dr. E. Wedekind, Krefeld
Untersuchungen zur Bestimmung der optimalen Arbeitsplatzgröße bei Mehrstuhlarbeit in der Weberei
1955, 92 Seiten, 34 Abb., DM 18,50

HEFT 198

Prof. Dr. J. Weissinger, Karlsruhe
Zur Aerodynamik des Ringflügels. Die Druckverteilung dünner, fast drehsymmetrischer Flügel in Unterschallströmung
1955, 42 Seiten, 5 Abb., DM 9,—

HEFT 199

Textilforschungsanstalt Krefeld
Die Messung von Gewebetemperaturen mittels Temperaturstrahlung
1955, 50 Seiten, 12 Abb., DM 10,90

HEFT 200

R. Seipenbusch, Langenberg (Rhld.)
Spitzengas durch Zusatz von Flüssiggas-, Wassergas- und Flüssiggas-Generatorgas-Gemischen zu Stadtgas
1955, 48 Seiten, 21 Tabellen, DM 10,35

HEFT 201

Dr.-Ing. E. W. Pleines, Frankfurt/Main
Die Sicherheit im Luftverkehr
in Vorbereitung

HEFT 202

Dipl.-Ing. D. Fiecke, Stuttgart/Zuffenhausen
Die Bestimmung der Flugzeugpolaren für Entwurfszwecke. I. Teil: Unterlagen
in Vorbereitung

HEFT 203

Dr. G. Wandel, Bonn
Uferbewachsung und Lebendverbauung an den Nordwestdeutschen Kanälen und ihren Zuflüssen sowie an der Ruhr
in Vorbereitung

HEFT 204

Dipl.-Ing. B. Naendorf, Langenberg (Rhld.)
Bestimmung der Brenneigenschaften und des Brennverhaltens verschiedener Gasarten und Einfluß verschiedener Düsengestaltung
1955, 32 Seiten, DM 7,10

HEFT 205

Dr. C. Schaarwächter, Düsseldorf
Über plastische Kupfer-, Eisen-, Phosphor-Legierungen
in Vorbereitung

HEFT 206

Dr. P. Hölemann, Ing. R. Hasselmann und Ing. G. Dix, Dortmund
Untersuchungen über die Vorgänge bei der Zersetzung von in Azeton gelöstem Azetylen
in Vorbereitung

HEFT 207

Prof. Dr.-Ing. H. Opitz, Dipl.-Ing. K. H. Fröhlich und Dipl.-Ing. H. Siebel, Aachen
Richtwerte für das Fräsen von unlegierten und legierten Baustählen mit Hartmetall. I. Teil
in Vorbereitung

HEFT 208

Prof. Dr.-Ing. H. Müller, Essen
Untersuchung von Elektrowärmegeräten für Laienbedienung hinsichtlich Sicherheit und Gebrauchsfähigkeit. I. Untersuchungen an Kochplatten
in Vorbereitung

HEFT 209

Dr. K. Bunge, Leverkusen
Materialabbau in Funkenentladungen. Untersuchungen an Zinkkathoden
in Vorbereitung

HEFT 210

Dr. W. Porschen und Prof. Dr. W. Riezler, Bonn
Langlebige Alphaaktivitäten bei natürlichen Elementen
1955, 40 Seiten, 5 Abb., 4 Tabellen, DM 8,80

HEFT 211

Prof. Dipl.-Ing. W. Sturtzel und Dr.-Ing. W. Graff, Duisburg
Die Versuchsanstalt für Binnenschiffbau, Duisburg
in Vorbereitung

HEFT 212

Dipl.-Ing. H. Spodig, Selm
Untersuchung zur Anwendung der Dauermagnete in der Technik
1955, 44 Seiten, 25 Abb., DM 9,80

HEFT 213

Dipl.-Ing. K. F. Rittinghaus, Aachen
Zusammenstellung eines Meßwagens für Bau- und Raumakustik
in Vorbereitung

HEFT 214

Dr.-Ing. J. Endres, München
Berechnung der optimalen Leistung, Kraftstoffverbräuche und Wirkungsgrade von Einkreis-Turbolader-Strahltriebwerken am Boden und in der Höhe bei Fluggeschwindigkeiten von 0—2 000 km/h
in Vorbereitung

HEFT 215

Prof. Dr.-Ing. H. Opitz und Dr.-Ing. G. Weber, Aachen
Einfluß der Wärmebehandlung von Baustählen auf Spanentstehungen, Schnittkraft- und Standzeitverhalten
in Vorbereitung

HEFT 216

Dr. E. Kloth, Köln
Untersuchungen über die Ausbreitung kurzer Schallimpulse bei der Materialprüfung mit Ultraschall
in Vorbereitung

HEFT 217

Rationalisierungskuratorium der Deutschen Wirtschaft (RKW), Frankfurt/Main
Typenvielzahl bei Haushaltgeräten und Möglichkeiten einer Beschränkung
in Vorbereitung

HEFT 218

Dr. F. Keune, Aachen
Bericht über eine Theorie der Strömung um Rotationskörper ohne Anstellung bei Machzahl Eins
1955, 40 Seiten, 8 Abb., 5 Formelblätter, DM 8,80

HEFT 219

Prof. Dr. W. Fuchs, Aachen
Untersuchungen zur Holzabfallverwertung und zur Chemie des Lignins
1955, 54 Seiten, 11 Abb., 15 Tabellen, DM 11,40

HEFT 220

Prof. Dr. W. Fuchs, Aachen

Die Entwicklung neuer Regel- und Kontroll-Apparate zur coulometrischen Analyse

in Vorbereitung

HEFT 221

Prof. Dr. W. Meyer-Eppler, Bonn

Experimentelle Untersuchungen zum Mechanismus von Stimme und Gehör in der lautsprachlichen Kommunikation

1955, 56 Seiten, 24 Abb., DM 13,45

HEFT 222

Dr. L. Köllner, Münster, und Dipl.-Volkswirt M. Kaiser, Bochum

Die internationale Wettbewerbsfähigkeit der westdeutschen Wollindustrie

in Vorbereitung

HEFT 223

Dr.-Ing. K. Alberti und Dr. F. Schwarz, Köln

Über das Problem Hartbrand-Weichbrand

in Vorbereitung

HEFT 224

Dipl.-Ing. H. Stüdeman und Ing. R. Beu, Solingen

Verfahren zur Prüfung der Korrosionsbeständigkeit von Messerklingen aus rostfreiem Stahl

in Vorbereitung

HEFT 225

Dr.-Ing. E. Barz, Remscheid

Der Spannungszustand von Gattersägeblättern

in Vorbereitung

HEFT 226

Technisch-wissenschaftliches Büro für die Bastfaserindustrie, Bielefeld

Untersuchungen zur Verbesserung des Leinenwebstuhles IV

Die Wirkung verschiedener Kettbaumbremsen auf die Verwebung von Leinengarnen

in Vorbereitung

HEFT 227

Prof. Dr. F. Wever, Düsseldorf und Dr. W. Wepner, Köln

Untersuchung der Alterungsneigung von weichen unlegierten Stählen durch Härteprüfung bei Temperaturen bis 300 Grad C

in Vorbereitung

HEFT 228

Prof. Dr. F. Wever, Dr. W. Koch, Düsseldorf und Dr. B. A. Steinkopf, Dortmund

Spektrochemische Grundlagen der Analyse von Gemischen aus Kohlenmonoxyd, Wasserstoff und Stickstoff

in Vorbereitung

HEFT 229

Prof. Dr. F. Wever, Dr. W. Koch und Dr.-Ing. H. Malissa, Düsseldorf

Über die Anwendung disubstituierter Dithiocarbamate der analytischen Chemie

in Vorbereitung

HEFT 230

Prof. Dr. F. Wever, Düsseldorf und Dr. W. Wepner, Köln

Bestimmung kleiner Kohlenstoffgehalte im Alpha-Eisen durch Dämpfungsmessung

in Vorbereitung

HEFT 231

Dr.-Ing. W. Küch, Dortmund

Über die Wechselwirkung zwischen Holzschutzbehandlung und Verleimung

in Vorbereitung

HEFT 232

Prof. Dr.-Ing. O. Kienzle, Hannover und Dr.-Ing. H. Münnich, Schweinfurt

Feststellung der Spannungen und Dehnungen und Bruchdrehzahlen der unter Fliehkraft und Bearbeitungskraft beanspruchten Schleifkörper

in Vorbereitung

HEFT 233

Dr. H. Haase, Hamburg

Infrarot-Bibliographie

in Vorbereitung

HEFT 234

Dr.-Ing. K. G. Speith und Dr.-Ing. A. Bungeroth, Duisburg

Versuche zur Steigerung des Kokillen-Schluckvermögens beim Stranggießen von Stahl

in Vorbereitung

HEFT 235

Prof. Dr.-Ing. K. Leist und Dipl.-Ing. W. Dettmering, Aachen

Turbinenschaufeln aus Kunststoff für Kaltluftversuchsanlagen

in Vorbereitung

HEFT 236

Dr.-Ing. O. Viertel und S. Lucas, Krefeld

Ergebnisse einer Hausfrauenbefragung über Waschenrichtungen und Waschmethoden in städtischen Haushaltungen

in Vorbereitung

HEFT 237

Dr. P. Endler und Dr. H. Ludes, Köln

Bericht über eine Studienreise zur Orientierung der heutigen Behandlung der Lungentuberkulose in den Vereinigten Staaten von Nordamerika

in Vorbereitung

HEFT 238

Institut für textile Meßtechnik, M.-Gladbach, e. V.

Untersuchung der Verzugsvorgänge an den Streckwerken verschiedener Spinnereimaschinen. 3. Bericht: Theoretische Betrachtungen über den Einfluß schlagender Zylinder und Druckrollen

in Vorbereitung

HEFT 239

Prof. Dr.-Ing. K. Leist und Dipl.-Ing. H. Scheele Aachen und Dipl.-Ing. F. H. Flottmann, Herne

Versuche an einem neuartigen luftgekühlten Hochleistungs-Kolbenkompressor

in Vorbereitung

HEFT 240

Prof. Dr.-Ing. K. Leist und Dipl.-Ing. H. Scheele, Aachen

Temperaturmessungen an einem einstufigen luftgekühlten 4-Zylinder-Kolbenkompressor mit Kühlgebläse

in Vorbereitung

HEFT 241

Prof. Dr.-Ing. K. Leist und Dipl.-Ing. M. Pötke, Aachen

Leistungsversuche an einem Kühlluftgebläse

in Vorbereitung

HEFT 242

Prof. Dr.-Ing. K. Leist und Dipl.-Ing. K. Graf, Aachen

Straßenfahrzeuge mit Gasturbinenantrieb

in Vorbereitung

HEFT 243

Prof. Dr.-Ing. K. Leist und Dipl.-Ing. S. Förster, Aachen

Die französische Kleingasturbine Artouste — I. Teil

in Vorbereitung

HEFT 244

Prof. Dr. F. Wever, Dr. W. Koch und Dr. S. Eckhard, Düsseldorf

Erfahrungen mit der spektrochemischen Analyse von Gefügebestandteilen des Stahles

in Vorbereitung

HEFT 245

Prof. Dr.-Ing. K. Krekeler, Aachen

Das Verbinden von Metallen durch Kunstharzkleber. Teil I: Eigenschaften und Verwendung der Metallklebstoffe

in Vorbereitung

HEFT 246

Prof. Dr.-Ing. K. Krekeler, Aachen

Das Verbinden von Metallen durch Kunstharzkleber. Teil II: Untersuchungen an geklebten Leichtmetall-Verbindungen

in Vorbereitung

HEFT 247

Dr. H. Söhngen, Darmstadt

Strömung vor einem Überschall-Laufrad

in Vorbereitung

HEFT 248

Rheinische Aktiengesellschaft für Braunkohlenbergbau und Brikettfabrikation, Köln

Untersuchung der Bindemitteleigenschaften von Braunkohlenfilteraschen

in Vorbereitung

HEFT 249

Dr. M.-E. Meffert, Essen

Weitere Kulturversuche Scenedesmus obliquus

in Vorbereitung

HEFT 250

Dr. F. Schwarz und Dr.-Ing. K. Alberti, Köln

Entwicklung von Untersuchungsverfahren zur Gütebeurteilung von Industriekalken

in Vorbereitung

HEFT 251

Prof. Dr. H. Bittel, Münster

Zur Statistik der ferromagnetischen Elementarvorgänge und ihren Einfluß auf das Barkhausenrauschen

in Vorbereitung

HEFT 252

Dipl.-Ing. H. Frings, Geilenkirchen

Die Wirkung abfallender Wetterführung auf Wettertemperatur, Grubengasgehalt und Staubbildung

in Vorbereitung

HEFT 253

Dipl.-Ing. S. Schirmanski, Berghausen

Stand und Auswertung der Forschungsarbeiten über Temperatur- und Feuchtigkeitsgrenzen bei der bergmännischen Arbeit

in Vorbereitung

HEFT 254

Prof. Dr. R. Danneel, Bonn

Quantitative Untersuchungen über die Entwicklung des Ehrlich-Ascitesturmos bei Inzuchtmäusen

in Vorbereitung

HEFT 255

Ing. W. v. Schlippe, Bad Nauheim

Strömung von Flüssigkeiten mit temperaturabhängiger Zähigkeit (Kühlung von Ölen)

in Vorbereitung

HEFT 256

Prof. Dr. C. Schmieden und Dipl.-Math. K. H. Müller, Darmstadt

Die Strömung einer Quellstrecke im Halbraum — eine strenge Lösung der Navier-Stokes-Gleichungen

in Vorbereitung

HEFT 257

Prof. Dr. G. Lehmann und Dr. J. Tamm, Dortmund

Die Beeinflussung vegetativer Funktionen des Menschen durch Geräusche

in Vorbereitung

HEFT 258

Dr. H. Paul, Linz/Rhein und Prof. Dr. O. Graf, Dortmund

Zur Frage der Unfälle im Bergbau

in Vorbereitung

HEFT 259

Prof. D. W. Linke, Aachen

Strömungsvorgänge in künstlich belüfteten Räumen

in Vorbereitung

HEFT 260

Prof. Dr. W. Kast, Freiburg/Br., Prof. Dr. H. A. Stuart und Dipl.-Phys. H. G. Fendler, Hannover

Lichtzerstreuungsmessungen an Lösungen hochpolymerer Stoffe

in Vorbereitung

HEFT 261

Prof. Dr. W. Kast, Freiburg/Br.

Feinstruktur-Untersuchungen an künstlichen Zellulosefasern verschiedener Herstellungsverfahren. Teil II: Der Kristallisationszustand

in Vorbereitung

HEFT 262

Dr.-Ing. W. Batel, Aachen

Untersuchungen zur Absiebung feuchter, feinkörniger Haufwerke und Schwingsieben

in Vorbereitung

HEFT 263

Prof. Dr. H. Lange und Dipl.-Phys. R. Kohlhaas, Köln

Über die Wärmefähigkeit von Stählen bei hohen Temperaturen. Teil I: Literaturbericht

in Vorbereitung

HEFT 264

Prof. Dr. W. Weizel, Bonn

Durch schnelle Funkenzusammenbrüche ausgelöste Signale auf einer Leitung

in Vorbereitung

HEFT 265

Prof. Dr. F. Micheel und Dr. R. Engel, Münster

Eine Apparatur zur elektrophoretischen Trennung von Stoffgemischen

in Vorbereitung

HEFT 266

Fliesen-Beratungsstelle Bad Godesberg-Mehlem

Güteeigenschaften keramischer Wand- und Bodenfliesen und deren Prüfmethoden

in Vorbereitung

HEFT 267

Prof. Dr. W. Weizel und B. Brandt, Bonn

Zur Stabilität stromstarker Glimmentladungen

in Vorbereitung

HEFT 268

Prof. Dr.-Ing. G. Vogelpohl, Göttingen

Über die Tragfähigkeit von Gleitlagern und ihre Berechnung

in Vorbereitung

VERÖFFENTLICHUNGEN DER ARBEITSGEMEINSCHAFT FÜR FORSCHUNG DES LANDES NORDRHEIN-WESTFALEN

NATURWISSENSCHAFTEN

Im Auftrage des Ministerpräsidenten Karl Arnold herausgegeben von Staatssekretär Prof. Leo Brandt

HEFT 1

Prof. Dr.-Ing. Friedrich Seewald, Aachen
Neue Entwicklungen auf dem Gebiet der Antriebsmaschinen

Prof. Dr.-Ing. Friedrich A. F. Schmidt, Aachen
Technischer Stand und Zukunftsaussichten der Verbrennungsmaschinen, insbesondere der Gasturbinen

Dr.-Ing. Rudolf Friedrich, Mülheim (Ruhr)
Möglichkeiten und Voraussetzungen der industriellen Verwertung der Gasturbine

1951, 52 Seiten, 15 Abb., kartoniert, DM 4,25

HEFT 2

Prof. Dr.-Ing. Wolfgang Riezler, Bonn
Probleme der Kernphysik

Prof. Dr. Fritz Micheel, Münster
Isotope als Forschungsmittel in der Chemie und Biochemie

1951, 40 Seiten, 10 Abb., kartoniert, DM 3,20

HEFT 3

Prof. Dr. Emil Lehnartz, Münster
Der Chemismus der Muskelmaschine

Prof. Dr. Gunther Lehmann, Dortmund
Physiologische Forschung als Voraussetzung der Bestgestaltung der menschlichen Arbeit

Prof. Dr. Heinrich Kraut, Dortmund
Ernährung und Leistungsfähigkeit

1951, 60 Seiten, 35 Abb., kartoniert, DM 5,—

HEFT 4

Prof. Dr. Franz Wever, Düsseldorf
Aufgaben der Eisenforschung

Prof. Dr.-Ing. Hermann Schenck, Aachen
Entwicklungslinien des deutschen Eisenhüttenwesens

Prof. Dr.-Ing. Max Haas, Aachen
Wirtschaftliche Bedeutung der Leichtmetalle und ihre Entwicklungsmöglichkeiten

1952, 60 Seiten, 20 Abb., kartoniert, DM 6,—

HEFT 5

Prof. Dr. Walter Kikuth, Düsseldorf
Virusforschung

Prof. Dr. Rolf Danneel, Bonn
Fortschritte der Krebsforschung

Prof. Dr. Dr. Werner Schulemann, Bonn
Wirtschaftliche und organisatorische Gesichtspunkte für die Verbesserung unserer Hochschulforschung

1952, 50 Seiten, 2 Abb., kartoniert, DM 4,—

HEFT 6

Prof. Dr. Walter Weizel, Bonn
Die gegenwärtige Situation der Grundlagenforschung in der Physik

Prof. Dr. Siegfried Strugger, Münster
Das Duplikantenproblem in der Biologie

Direktor Dr. Fritz Gummert, Essen
Überlegungen zu den Faktoren Raum und Zeit im biologischen Geschehen und Möglichkeiten einer Nutzanwendung

1952, 64 Seiten, 20 Abb., kartoniert, DM 4,—

HEFT 7

Prof. Dr.-Ing. August Götte, Aachen
Steinkohle als Rohstoff und Energiequelle

Prof. Dr. Dr. E. h. Karl Ziegler, Mülheim (Ruhr)
Über Arbeiten des Max-Planck-Institutes für Kohlenforschung

1953, 66 Seiten, 4 Abb., kartoniert, DM 4,75

HEFT 8

Prof. Dr.-Ing. Wilhelm Fucks, Aachen
Die Naturwissenschaft, die Technik und der Mensch

Prof. Dr. Walther Hoffmann, Münster
Wirtschaftliche und soziologische Probleme des technischen Fortschritts

1952, 84 Seiten, 12 Abb., kartoniert, DM 6,50

HEFT 9

Prof. Dr.-Ing. Franz Bollenrath, Aachen
Zur Entwicklung warmfester Werkstoffe

Prof. Dr. Heinrich Kaiser, Dortmund
Stand spektralanalytischer Prüfverfahren und Folgerung für deutsche Verhältnisse

1952, 100 Seiten, 62 Abb., kartoniert, DM 7,50

HEFT 10

Prof. Dr. Hans Braun, Bonn
Möglichkeiten und Grenzen der Resistenzzüchtung

Prof. Dr.-Ing. Carl Heinrich Dencker, Bonn
Der Weg der Landwirtschaft von der Energieautarkie zur Fremdenergie

1952, 74 Seiten, 23 Abb., kartoniert, DM 6,80

HEFT 11

Prof. Dr.-Ing. Herwart Opitz, Aachen
Entwicklungslinien der Fertigungstechnik in der Metallbearbeitung

Prof. Dr.-Ing. Karl Krekeler, Aachen
Stand und Aussichten der schweißtechnischen Fertigungsverfahren

1952, 72 Seiten, 49 Abb., kartoniert, DM 6,40

HEFT 12

Dr. Hermann Rathert, Wuppertal-Elberfeld
Entwicklung auf dem Gebiet der Chemiefaser-Herstellung

Prof. Dr. Wilhelm Weltzien, Krefeld
Rohstoff und Veredlung in der Textilwirtschaft

1952, 84 Seiten, 29 Abb., kartoniert, DM 7,—

HEFT 13

Dr.-Ing. E. h. Karl Herz, Frankfurt a. M.
Die technischen Entwicklungstendenzen im elektrischen Nachrichtenwesen

Staatssekretär Prof. Leo Brandt, Düsseldorf
Navigation und Luftsicherung

1952, 102 Seiten, 97 Abb., kartoniert, DM 9,75

HEFT 14

Prof. Dr. Burckhardt Helferich, Bonn
Stand der Enzymchemie und ihre Bedeutung

Prof. Dr. Hugo Wilhelm Knipping, Köln
Ausschnitt aus der klinischen Carcinomforschung am Beispiel des Lungenkrebses

1952, 72 Seiten, 12 Abb., kartoniert, DM 6,25

HEFT 15

Prof. Dr. Abraham Esau †, Aachen
Ortung mit elektrischen und Ultraschallwellen in Technik und Natur

Prof. Dr.-Ing. Eugen Flegler, Aachen
Die ferromagnetischen Werkstoffe der Elektrotechnik und ihre neueste Entwicklung

1953, 84 Seiten, 25 Abb., kartoniert, DM 6,25

HEFT 16

Prof. Dr. Rudolf Seyffert, Köln
Die Problematik der Distribution

Prof. Dr. Theodor Beste, Köln
Der Leistungslohn

1952, 70 Seiten, 1 Abb., kartoniert, DM 4,50

HEFT 17

Prof. Dr.-Ing. Friedrich Seewald, Aachen
Luftfahrtforschung in Deutschland und ihre Bedeutung für die allgemeine Technik

Prof. Dr.-Ing. Edouard Houdremont, Essen
Art und Organisation der Forschung in einem Industrieforschungsinstitut der Eisenindustrie

1953, 90 Seiten, 4 Abb., kartoniert, DM 5,50

HEFT 18

Prof. Dr. Dr. Werner Schulemann, Bonn
Theorie und Praxis pharmakologischer Forschung

Prof. Dr. Wilhelm Groth, Bonn
Technische Verfahren zur Isotopentrennung

1953, 72 Seiten, 17 Abb., kartoniert, DM 5,—

HEFT 19

Dipl.-Ing. Kurt Traenckner, Essen
Entwicklungstendenzen der Gaserzeugung

1953, 26 Seiten, 12 Abb., kartoniert, DM 2,50

HEFT 20

M. Zvegintzow, London
Wissenschaftliche Forschung und die Auswertung ihrer Ergebnisse
Ziel und Tätigkeit der National Research Development Corporation

Dr. Alexander King, London
Wissenschaft und internationale Beziehungen

1954, 88 Seiten, kartoniert, DM 4,60

HEFT 21

Prof. Dr. Robert Schwarz, Aachen
Wesen und Bedeutung der Silicium-Chemie

Prof. Dr. Dr. h. c. Kurt Alder, Köln
Fortschritte in der Synthese von Kohlenstoffverbindungen

1954, 76 Seiten, 49 Abb., kartoniert, DM 5,20

HEFT 21 a

Prof. Dr. Dr. h. c. Otto Hahn, Göttingen
Die Bedeutung der Grundlagenforschung für die Wirtschaft

Prof. Dr. Siegfried Strugger, Münster
Die Erforschung des Wasser- und Nährsalztransportes im Pflanzenkörper mit Hilfe der fluoreszenzmikroskopischen Kinematographie

1953, 74 Seiten, 26 Abb., kartoniert, DM 5,80

HEFT 22

Prof. Dr. Johannes von Allesch, Göttingen
Die Bedeutung der Psychologie im öffentlichen Leben

Prof. Dr. Otto Graf, Dortmund
Triebfedern menschlicher Leistung

1953, 80 Seiten, 19 Abb., kartoniert, DM 4,80

HEFT 23

Prof. Dr. Dr. h. c. Bruno Kuske, Köln
Zur Problematik der wirtschaftswissenschaftlichen Raumforschung

Prof. Dr. Dr.-Ing. E. h. Stephan Prager, Düsseldorf
Städtebau und Landesplanung

1954, 84 Seiten, kartoniert, DM 4,—

HEFT 24

Prof. Dr. Rolf Danneel, Bonn
Über die Wirkungsweise der Erbfaktoren

Prof. Dr. Kurt Herzog, Krefeld
Bewegungsbedarf der menschlichen Gliedmaßengelenke bei der Berufsarbeit

1953, 76 Seiten, 18 Abb., kartoniert, DM 4,80

WESTDEUTSCHER VERLAG · KÖLN UND OPLADEN

HEFT 25

Prof. Dr. Otto Haxel, Heidelberg
Energiegewinnung aus Kernprozessen

Dr.-Ing. Dr. Max Wolf, Düsseldorf
Gegenwartsprobleme der energiewirtschaftlichen Forschung

1953, 98 Seiten, 27 Abb., kartoniert, DM 6,25

HEFT 26

Prof. Dr. Friedrich Becker, Bonn
Ultrakurzwellenstrahlung aus dem Weltraum

Dr. Hans Straßl, Bonn
Bemerkenswerte Doppelsterne und das Problem der Sternentwicklung

1954, 70 Seiten, 8 Abb., kartoniert, DM 4,—

HEFT 27

Prof. Dr. Heinrich Behnke, Münster
Der Strukturwandel der Mathematik in der ersten Hälfte des 20. Jahrhunderts

Prof. Dr. Emanuel Sperner, Hamburg
Eine mathematische Analyse der Luftdruckverteilungen in großen Gebieten

in Vorbereitung

HEFT 28

Prof. Dr. Oskar Niemczyk, Aachen
Die Problematik gebirgsmechanischer Vorgänge im Steinkohlenbergbau

Prof. Dr. Wilhelm Ahrens, Krefeld
Die Bedeutung geologischer Forschung für die Wirtschaft, besonders in Nordrhein-Westfalen

1955, 96 Seiten, 12 Abb., kartoniert, DM 6.40

HEFT 29

Prof. Dr. Bernhard Rensch, Münster
Das Problem der Residuen bei Lernleistungen

Prof. Dr. Hermann Fink, Köln
Über Leberschäden bei der Bestimmung des biologischen Wertes verschiedener Eiweiße von Mikroorganismen

1954, 96 Seiten, 23 Abb., kartoniert, DM 6,—

HEFT 30

Prof. Dr.-Ing. Friedrich Seewald, Aachen
Forschungen auf dem Gebiete der Aerodynamik

Prof. Dr.-Ing. Karl Leist, Aachen
Einige Forschungsarbeiten aus der Gasturbinentechnik

1955, 98 Seiten, 45 Abb., kartoniert, DM 8,80

HEFT 31

Prof. Dr.-Ing. Dr. h. c. Fritz Mietzsch, Wuppertal
Chemie und wirtschaftliche Bedeutung der Sulfonamide

Prof. Dr. Dr. h. c. Gerhard Domagk, Wuppertal
Die experimentellen Grundlagen der bakteriellen Infektionen

1954, 82 Seiten, 2 Abb., kartoniert, DM 5,25

HEFT 32

Prof. Dr. Hans Braun, Bonn
Die Verschleppung von Pflanzenkrankheiten und -schädigungen über die Welt

Prof. Dr. Wilhelm Rudorf, Voldagsen
Der Beitrag von Genetik und Züchtung zur Bekämpfung von Viruskrankheiten der Nutzpflanzen

1953, 88 Seiten, 36 Abb., kartoniert, DM 6,75

HEFT 33

Prof. Dr.-Ing. Volker Aschoff, Aachen
Probleme der elektroakustischen Einkanalübertragung

Prof. Dr.-Ing. Herbert Döring, Aachen
Erzeugung und Verstärkung von Mikrowellen

1954, 74 Seiten, 23 Abb., kartoniert, DM 4,50

HEFT 34

Geheimrat Prof. Dr. Dr. Rudolf Schenck, Aachen
Bedingungen und Gang der Kohlenhydratsynthese im Licht

Prof. Dr. Emil Lehnartz, Münster
Die Endstufen des Stoffabbaues im Organismus

1954, 80 Seiten, 11 Abb., kartoniert, DM 5,50

HEFT 35

Prof. Dr.-Ing. Hermann Schenck, Aachen
Gegenwartsprobleme der Eisenindustrie in Deutschland

Prof. Dr.-Ing. Eugen Piwowarsky †, Aachen
Gelöste und ungelöste Probleme im Gießereiwesen

1954, 110 Seiten, 67 Abb., kartoniert, DM 9,-

HEFT 36

Prof. Dr. Wolfgang Riezler, Bonn
Teilchenbeschleuniger

Prof. Dr. Gerhard Schubert, Hamburg
Anwendung neuer Strahlenquellen in der Krebstherapie

1954, 104 Seiten, 43 Abb., kartoniert, DM 8,20

HEFT 37

Prof. Dr. Franz Lotze, Münster
Probleme der Gebirgsbildung

Bergwerksdirektor Bergassessor a.D. G. Rauschenbach, Essen
Die Erhaltung der Förderungskapazität des Ruhrbergbaues auf lange Sicht

in Vorbereitung

HEFT 38

Dr. E. Colin Cherry, London
Kybernetik

Prof. Dr. Erich Pietsch, Clausthal-Zellerfeld
Dokumentation und mechanisches Gedächtnis — zur Frage der Ökonomie der geistigen Arbeit

1954, 108 Seiten, 31 Abb., kartoniert, DM 7,20

HEFT 39

Dr. Heinz Haase, Hamburg
Infrarot und seine technischen Anwendungen

Prof. Dr. Abraham Esau †, Aachen
Ultraschall und seine technischen Anwendungen

1955, 80 Seiten, 25 Abb., kartoniert, DM 6,20

HEFT 40

Bergassessor Fritz Lange, Bochum-Hordel
Die wirtschaftliche und soziale Bedeutung der Silikose im Bergbau

Prof. Dr. Walter Kikuth, Düsseldorf
Die Entstehung der Silikose und ihre Verhütungsmaßnahmen

1954, 120 Seiten, 40 Abb., kartoniert, DM 9,50

HEFT 40a

Prof. Dr. Eberhard Gross, Bonn
Berufskrebs und Krebsforschung

Prof. Dr. Hugo Wilhelm Knipping, Köln
Die Situation der Krebsforschung vom Standpunkt der Klinik

1955, 88 Seiten, 31 Abb., kartoniert, DM 6,70

HEFT 41

Direktor Dr.-Ing. Gustav-Victor Lachmann, London
An einer neuen Entwicklungsschwelle im Flugzeugbau

Direktor Dr.-Ing. A. Gerber, Zürich-Oerlikon
Stand der Entwicklung der Raketen- und Lenktechnik

1955, 88 Seiten, 44 Abb., kartoniert, DM 8,40

HEFT 42

Prof. Dr. Theodor Kraus, Köln
Lokalisationsphänomene und Raumordnung vom Standpunkt der geographischen Wissenschaft

Direktor Dr. Fritz Gummert, Essen
Vom Ernährungsversuchsfeld der Kohlenstoffbiologischen Forschungsstation Essen

in Vorbereitung

HEFT 42a

Prof. Dr. Dr. h. c. Gerhard Domagk, Wuppertal
Fortschritte auf dem Gebiet der experimentellen Krebsforschung

1954, 46 Seiten, kartoniert, DM 2,60

HEFT 43

Prof. Giovanni Lampariello, Rom
Über Leben und Werk von Heinrich Hertz

Prof. Dr. Walter Weizel, Bonn
Über das Problem der Kausalität in der Physik

1955, 76 Seiten, kartoniert, DM 4,40

HEFT 43a

Prof. Dr. José Ma Albareda, Madrid
Die Entwicklung der Forschung in Spanien

in Vorbereitung

HEFT 44

Prof. Dr. Burckhardt Helferich, Bonn
Über Glykoside

Prof. Dr. Fritz Micheel, Münster
Kohlenhydrat-Eiweiß-Verbindungen und ihre biochemische Bedeutung

in Vorbereitung

HEFT 45

Prof. Dr. John von Neumann, Princeton, USA
Entwicklung und Ausnutzung neuerer mathematischer Maschinen

Prof. Dr. E. Stiefel, Zürich
Rechenautomaten im Dienste der Technik mit Beispielen aus dem Züricher Institut für angewandte Mathematik

1955, 74 Seiten, 6 Abb., kartoniert, DM 4,80

HEFT 46

Prof. Dr. Wilhelm Weltzien, Krefeld
Ausblick auf die Entwicklung synthetischer Fasern

Prof. Dr. Walther Hoffmann, Münster
Wachstumsformen der Industriewirtschaft

in Vorbereitung

HEFT 47

Staatssekretär Prof. Leo Brandt, Düsseldorf
Die praktische Förderung der Forschung in Nordrhein-Westfalen

Prof. Dr. Ludwig Raiser, Bad Godesberg
Die Förderung der angewandten Forschung durch die Deutsche Forschungsgemeinschaft

in Vorbereitung

HEFT 48

Dr. Hermann Tromp, Rom
Bestandsaufnahme der Wälder der Welt als internationale und wissenschaftliche Aufgabe

Prof. Dr. Franz Heske, Schloß Reinbek
Die Wohlfahrtswirkungen des Waldes als internationales Problem

in Vorbereitung

HEFT 49

Präsident Dr. G. Böhnecke, Hamburg
Zeitfragen der Ozeanographie

Reg.-Direktor Dr. H. Gabler, Hamburg
Nautische Technik und Schiffssicherheit

1955, 120 Seiten, 49 Abb., kartoniert, DM 10,20

HEFT 50

Prof. Dr.-Ing. Friedrich A. F. Schmidt, Aachen
Probleme der Selbstzündung und Verbrennung bei der Entwicklung der Hochleistungskraftmaschinen

Prof. Dr.-Ing. A. W. Quick, Aachen
Ein Verfahren zur Untersuchung des Austauschvorganges in verwirbelten Strömungen hinter Körpern mit abgelöster Strömung

in Vorbereitung

HEFT 51

Prof. Dr. Siegfried Strugger, Münster
Struktur, Entwicklungsgeschichte und Physiologie der Chloroplasten

Direktor Dr. J. Pätzold, Erlangen
Therapeutische Anwendung mechanischer und elektrischer Energie

in Vorbereitung

HEFT 52

Mr. Patmore, London
Lufttüchtigkeit und technische Prüfung der Flugzeuge in England

Pro. A. D. Young, Cranfield
Die Ausbildung des Ingenieurnachwuchses auf dem Luftfahrtgebiet in England

in Vorbereitung

JAHRESFEIER 1955

Prof. Dr. Josef Pieper, Münster
Über den Philosophie-Begriff Platons

Prof. Dr. Walter Weizel, Bonn
Die Mathematik und die physikalische Realität

1955, 62 Seiten, kartoniert, DM 4,40

HEFT 52a

Dr. D. C. Martin, London
Geschichte und Organisation der Royal Society

Dr. Roux, Südafrika
Probleme der wissenschaftlichen Forschung in der Südafrikanischen Union

in Vorbereitung

HEFT 53

Prof. Dr.-Ing. Georg Schnadel, Hamburg
Forschungsaufgaben zur Untersuchung der Festigkeitsprobleme im Schiffsbau

Prof. Dipl.-Ing. Wilhelm Sturtzel, Duisburg
Forschungsaufgaben zur Untersuchung der Widerstandsprobleme im Schiffsbau

in Vorbereitung

HEFT 53a

Prof. Giovanni Lampariello, Rom
Von Galilei zu Einstein

in Vorbereitung

HEFT 54

Prof. Dr. Julius Bartels, Göttingen
Sonne und Erde — das Thema des internationalen geophysikalischen Jahres

Direktor Dr. Walter Dieminger, Lindau/Harz
Ionosphäre und drahtloser Weitverkehr

in Vorbereitung

HEFT 54a

Sir John Cockcroft, London
Die friedliche Anwendung der Kernenergie

in Vorbereitung

HEFT 55

Prof. Dr.-Ing. Fritz Schultz-Grunow, Aachen
Das Kriechen und Fließen hochzäher und plastischer Stoffe

Prof. Dr.-Ing. Hans Ebner, Aachen
Wege und Ziele der Festigkeitsforschung besonders im Hinblick auf den Leichtbau

in Vorbereitung

WESTDEUTSCHER VERLAG · KÖLN UND OPLADEN

HEFT 56
Prof. Dr. Ernst Derra, Düsseldorf
Der Entwicklungsstand der Herzchirurgie
Prof. Dr. Gunther Lehmann, Dortmund
Muskelarbeit und Muskelermüdung in Theorie und Praxis
in Vorbereitung

HEFT 57
Prof. Dr. Theodor von Kármán, Pasadena
Freiheit und Organisation in der Luftfahrtforschung
in Vorbereitung

HEFT 58
Prof. Dr. Fritz Schröter, Ulm
Neue Forschungs- und Entwicklungsrichtungen im Fernsehen
Prof. Dr. Albert Narath, Berlin
Der gegenwärtige Stand der Filmtechnik
in Vorbereitung

VERÖFFENTLICHUNGEN DER ARBEITSGEMEINSCHAFT FÜR FORSCHUNG DES LANDES NORDRHEIN-WESTFALEN

GEISTESWISSENSCHAFTEN

Im Auftrage des Ministerpräsidenten Karl Arnold
herausgegeben von Staatssekretär Prof. Leo Brandt

HEFT 1
Prof. Dr. Werner Richter, Bonn
Die Bedeutung der Geisteswissenschaften für die Bildung unserer Zeit
Prof. Dr. Joachim Ritter, Münster
Die aristotelische Lehre vom Ursprung und Sinn der Theorie
1953, 64 Seiten, kartoniert, DM 3,50

HEFT 2
Prof. Dr. Josef Kroll, Köln
Elysium
Prof. Dr. Günther Jachmann, Köln
Die vierte Ekloge Vergils
1953, 72 Seiten, kartoniert, DM 3,75

HEFT 3
Prof. Dr. Hans Erich Stier, Münster
Die klassische Demokratie
1954, 100 Seiten, kartoniert, DM 6,—

HEFT 4
Prof. Dr. Werner Caskel, Köln
Lihyan und Lihyanisch. Sprache und Kultur eines früharabischen Königreiches
1954, 168 Seiten, 6 Abb., kartoniert, DM 11,—

HEFT 5
Prof. Dr. Thomas Ohm, Münster
Stammesreligionen im südlichen Tanganyika-Territorium
1953, 80 Seiten, 25 Abb., kartoniert, DM 11,50

HEFT 6
Prälat Prof. Dr. Dr. h. c. Georg Schreiber, Münster
Deutsche Wissenschaftspolitik von Bismarck bis zum Atomwissenschaftler Otto Hahn
1954, 102 Seiten, 7 Bilder, kartoniert, DM 6,25

HEFT 7
Prof. Dr. Walter Holtzmann, Bonn
Das mittelalterliche Imperium und die werdenden Nationen
1953, 28 Seiten, kartoniert, DM 2,50

HEFT 8
Prof. Dr. Werner Caskel, Köln
Die Bedeutung der Beduinen in der Geschichte der Araber
1954, 44 Seiten, kartoniert, DM 2,75

HEFT 9
Prälat Prof. Dr. Dr. h. c. Georg Schreiber, Münster
Irland im deutschen und abendländischen Sakralraum
in Vorbereitung

HEFT 10
Prof. Dr. Peter Rassow, Köln
Forschungen zur Reichsidee im 16. und 17. Jahrhundert
1955, 32 Seiten, kartoniert, DM 1,90

HEFT 11
Prof. Dr. Hans Erich Stier, Münster
Roms Aufstieg zur Weltherrschaft
in Vorbereitung

HEFT 12
Prof. D. Karl Heinrich Rengstorf, Münster
Mann und Frau im Urchristentum
Prof. Dr. Hermann Conrad, Bonn
Grundprobleme einer Reform des Familienrechts
1954, 106 Seiten, kartoniert, DM 6,—

HEFT 13
Prof. Dr. Max Braubach, Bonn
Der Weg zum 20. Juli 1944
1953, 48 Seiten, kartoniert, DM 3,25

HEFT 14
Prof. Dr. Paul Hübinger, Münster
Das deutsch-französische Verhältnis und seine mittelalterlichen Grundlagen
in Vorbereitung

HEFT 15
Prof. Dr. Franz Steinbach, Bonn
Der geschichtliche Weg des wirtschaftenden Menschen in die soziale Freiheit und politische Verantwortung
1954, 76 Seiten, kartoniert, DM 3,80

HEFT 16
Prof. Dr. Josef Koch, Köln
Die Ars coniecturalis des Nikolaus von Cues
in Vorbereitung

HEFT 17
Prof. Dr. James Conant,
US-Hochkommissar für Deutschland
Staatsbürger und Wissenschaftler
Prof. D. Karl Heinrich Rengstorf, Münster
Antike und Christentum
1953, 48 Seiten, 2 Abb., kartoniert, DM 3,50

HEFT 18
Prof. Dr. Richard Alewyn, Köln
Klopstocks Publikum
in Vorbereitung

HEFT 19
Prof. Dr. Fritz Schalk, Köln
Das Lächerliche in der französischen Literatur des Ancien Régime
1954, 42 Seiten, kartoniert, DM 2,25

HEFT 20
Prof. Dr. Ludwig Raiser, Bad Godesberg
Rechtsfragen der Mitbestimmung
1954, 48 Seiten, kartoniert, DM 2,50

HEFT 21
Prof. D. Martin Noth, Bonn
Das Geschichtsverständnis der alttestamentlichen Apokalyptik
1953, 36 Seiten, kartoniert, DM 2,20

HEFT 22
Prof. Dr. Walter F. Schirmer, Bonn
Glück und Ende des Könige in Shakespeares Historien
1954, 32 Seiten, kartoniert, DM 1,60

HEFT 23
Prof. Dr. Günther Jachmann, Köln
Der homerische Schiffskatalog und die Ilias
in Vorbereitung

HEFT 24
Prof. Dr. Theodor Klauser, Bonn
Die römischen Petrustraditionen im Lichte der neuen Ausgrabungen unter der Peterskirche
in Vorbereitung

HEFT 25
Prof. Dr. Hans Peters, Köln
Die Gewaltentrennung in moderner Sicht
1955, 48 Seiten, kartoniert, DM 3,10

HEFT 26
Prof. Dr. Fritz Schalk, Köln
Calderon und die Mythologie
in Vorbereitung

HEFT 27
Prof. Dr. Josef Kroll, Köln
Vom Leben geflügelter Worte
in Vorbereitung

WESTDEUTSCHER VERLAG · KÖLN UND OPLADEN

HEFT 28
Prof. Dr. Thomas Ohm, Münster
Die Religionen in Asien
1954, 50 Seiten, 4 Abb., kartoniert, DM 7,—

HEFT 29
Prof. Dr. Johann Leo Weisgerber, Bonn
Die Ordnung der Sprache im persönlichen und öffentlichen Leben
1955, 64 Seiten, kartoniert, DM 3,50

HEFT 30
Prof. Dr. Werner Caskel, Köln
Entdeckungen in Arabien
1954, 44 Seiten, kartoniert, DM 3,20

HEFT 31
Prof. Dr. Max Braubach, Bonn
Entstehung und Entwicklung der landesgeschichtlichen Bestrebungen und historischen Vereine im Rheinland
1955, 32 Seiten, kartoniert, DM 2,20

HEFT 32
Prof. Dr. Fritz Schalk, Köln
Somnium und verwandte Wörter in den romanischen Sprachen
1955, 48 Seiten, 3 Abb., kartoniert, DM 3,60

HEFT 33
Prof. Dr. Friedrich Dessauer, Frankfurt a. M.
Erbe und Zukunft des Abendlandes
in Vorbereitung

HEFT 34
Prof. Dr. Thomas Ohm, Münster
Ruhe und Frömmigkeit
1955, 128 Seiten, 30 Abb., kartoniert, DM 10,70

HEFT 35
Prof. Dr. Hermann Conrad, Bonn
Die mittelalterliche Besiedlung des deutschen Ostens und das Deutsche Recht
1955, 40 Seiten, kartoniert, DM 2,80

HEFT 36
Prof. Dr. Hans Sckommodau, Köln
Die religiösen Dichtungen Margaretes von Navarra
1955, 172 Seiten, kartoniert, DM 9,60

HEFT 37
Prof. Dr. Herbert von Einem, Bonn
Der Mainzer Kopf mit der Binde
1955, 88 Seiten, 40 Abb., kartoniert, DM 9,20

HEFT 38
Prof. Dr. Joseph Höffner, Münster
Statik und Dynamik in der scholastischen Wirtschaftsethik
1955, 48 Seiten, kartoniert, DM 2,85

HEFT 39
Prof. Dr. Fritz Schalk, Köln
Diderots Essai über Claudius und Nero
in Vorbereitung

HEFT 40
Prof. Dr. Gerhard Kegel, Köln
Probleme des internationalen Enteignungs- und Währungsrechts
in Vorbereitung

HEFT 41
Prof. Dr. Johann Leo Weisgerber, Bonn
Die Grenzen der Schrift — Der Kern der Rechtschreibreform
1955, 72 Seiten, kartoniert, DM 4,80

HEFT 42
Prof. Dr. Richard Alewyn, Köln
Von der Empfindsamkeit zur Romantik
in Vorbereitung

HEFT 43
Prof. Dr. Theodor Schieder, Köln
Die Probleme des Rapallo-Vertrages 1922
in Vorbereitung

HEFT 44
Prof. Dr. Andreas Rumpf, Köln
Stilphasen der spätantiken Kunst
in Vorbereitung

HEFT 45
Dr. Ulrich Luck, Münster
Kerygma und Tradition in der Hermeneutik Adolf Schlatters
1955, 136 Seiten, kartoniert, DM 9,—

HEFT 46
Prof. Dr. Walther Holtzmann, Rom
Das Deutsche Historische Institut in Rom
Prof. Dr. Graf Wolff Metternich, Rom
Die Bibliotheca Hertziana und der Palazzo Zuccari
1955, 68 Seiten, 7 Abb., kartoniert, DM 5,—

JAHRESFEIER 1955
Prof. Dr. Josef Pieper, Münster
Über den Philosophie-Begriff Platons
Prof. Dr. Walter Weizel, Bonn
Die Mathematik und die physikalische Realität
1955, 62 Seiten, kartoniert, DM 4,40

HEFT 47
Prof. Dr. Harry Westermann, Münster
Person und Persönlichkeit im Zivilrecht
in Vorbereitung

HEFT 48
Prof. Dr. Johann Leo Weisgerber, Bonn
Die Namen der Ubier
in Vorbereitung

HEFT 49
Prof. Dr. Friedrich Karl Schumann, Münster
Mythos und Technik
in Vorbereitung

HEFT 51
Prälat Prof. Dr. Dr. h. c. Georg Schreiber, Münster
Der Bergbau in Geschichte, Ethos und Sakralkultur
in Vorbereitung

HEFT 52
Prof. Dr. Hans J. Wolff, Münster
Die Rechtsgestalt der Universität
in Vorbereitung

HEFT 53
Prof. Dr. Heinrich Vogt, Bonn
Schadenersatzprobleme im Verhältnis von Haftungsgrund und Schaden
in Vorbereitung

HEFT 54
Prof. Dr. Max Braubach, Bonn
Der Einmarsch der deutschen Truppen in die entmilitarisierte Zone am Rhein im März 1936. Ein Beitrag zur Vorgeschichte des zweiten Weltkrieges
in Vorbereitung

HEFT 55
Prof. Dr. Herbert von Einem, Bonn
Die Menschwerdung Christi des Isenheimer Altars
in Vorbereitung

HEFT 56
Prof. Dr. E. J. Cohn, London
Der englische Gerichtstag
in Vorbereitung

WESTDEUTSCHER VERLAG · KÖLN UND OPLADEN

GPSR Compliance

The European Union's (EU) General Product Safety Regulation (GPSR) is a set of rules that requires consumer products to be safe and our obligations to ensure this.

If you have any concerns about our products, you can contact us on ProductSafety@springernature.com

In case Publisher is established outside the EU, the EU authorized representative is:

Springer Nature Customer Service Center GmbH
Europaplatz 3
69115 Heidelberg, Germany

Batch number: 10585057

Printed by Printforce, the Netherlands

DK 01:535-1

FORSCHUNGSBERICHTE DES WIRTSCHAFTS- UND VERKEHRSMINISTERIUMS NORDRHEIN-WESTFALEN

Herausgegeben von Staatssekretär Prof. Dr. h. c. Dr. E. h. Leo Brandt

Nr. 652

Dr. phil. nat. H. Haase

Infrarot — Bibliographie II

Als Manuskript gedruckt

Springer Fachmedien Wiesbaden GmbH

1959

ISBN 978-3-663-20140-3 ISBN 978-3-663-20502-9 (eBook)
DOI 10.1007/978-3-663-20502-9

Gliederung

Vorwort

Die freundliche Aufnahme der Infrarot-Bibliographie (Forschungsbericht Nr. 233) gab Veranlassung, die Arbeit weiterzuführen. In diese Ergänzung wurden neben bisher noch nicht erfaßten älteren Arbeiten die gefundenen Veröffentlichungen aus der Zeit vom 1.4.54 bis Ende 57 aufgenommen. Die Quellensammlung wurde durch sehr wertvolle Hinweise von Autoren und Fachkollegen erleichtert. An dieser Stelle sei besonders den Herren GAUTHERET, Dr.KOLLMAR, Dr.MEYER (Hanau), Dr.PEPPERHOFF und Dr.RÖSSLER für ihre Anregungen und freundliche Überlassung von Quellenmaterial gedankt.

Aus Besprechungen der Bibliographie, Zuschriften und Gesprächen war zu entnehmen, daß Form und Inhalt der Bibliographie nur wenig Wünsche offen ließen. Zur Erleichterung des Gebrauchs wurde daher die einmal gewählte Einteilung beibehalten, Anregungen folgend jedoch zwei weitere Abschnitte: Spektroskopie (Lehrbücher) und Fernes Infrarot, einige neuere Arbeiten, hinzugefügt. Die Auswahl der aufgeführten Lehrbücher und Veröffentlichungen dieser Abschnitte erfolgte unter dem Gesichtspunkt, Benutzern der Bibliographie, welche diesen Gebieten ferner stehen, die Orientierung zu erleichtern.

Ein Problem war auch bei dieser Ergänzung die richtige Einordnung der Arbeiten in die verschiedenen Abschnitte, da nur ein Teil der Veröffentlichungen im Original eingesehen werden konnte. Zahlreiche Veröffentlichungen behandeln Probleme, die verschiedenen Abschnitten zugeordnet sind. Daher wurde erwogen, derartige Arbeiten mehrfach aufzuführen oder in den einzelnen Abschnitten wenigstens auf diese hinzuweisen. Dies hätte aber zur Voraussetzung gehabt, alle Arbeiten im Original zu kennen. Der Grundsatz, jede Arbeit nur einmal aufzuführen, wurde daher beibehalten. Die Einordnung erfolgte nach dem Hauptthema so gut, wie dies aus den Unterlagen zu erkennen war. Benutzer der Bibliographie werden daher interssierende Arbeiten gelegentlich vielleicht unter einem anderen Stichwort finden als sie dies erwarten.

Dr.phil.nat. H. HAASE

I. Allgemeines über das Gesamtgebiet

Czerny, M.	Fortschritte in der Ultrarottechnik. Erg. exakt. Naturw. Bd. 17, (1950)
Haase, H.	Infrarot und seine technischen Anwendungen. Arbeitsgemeinschaft des Landes Nordrhein-Westfalen, H. 39, Westdeutscher Verlag Köln und Opladen, (1955)
Pepperhoff, W.	Temperaturstrahlung. Verlag Dr. Dietr. Steinkopff, Darmstadt, (1956) Fachbuch
Süring, R.	Strahlung. Hann-Süring, Lehrbuch der Meteorologie I, Leipzig, (1939)

II. Strahlungsquellen

Baukrowitz, G.	Untersuchung eines Katalyt-Tieftemperaturstrahlers. Gaswärme Bd. 3 (1954) S. 66-69
Hartinger, H.	Der Reflektor und sein Wirkungsgrad. Ztschr. techn. Physik Bd. 6 (1925) S. 498-500
Hase, R. und Fr. Schulze	Strahlungseigenschaften von Aluminiumfarben. Elektrowärmetechnik, 5 (1954) H. 3/4, S. 52-54 und H. 8, S. 163-166
Heidtkamp, G.	Grundsätzliche Untersuchungen an gasbeheizten Glühstrahlern nach Schwank. Gaswärme Bd. 5 (1956) S. 375-380
Heidtkamp, G.	Messung der Wärmeleistung von Raumheizkörpern mit Hilfe eines neuen Strahlungsempfängers. Gesundheits-Ing. Bd. 76 (1955) S. 161-167
Körber, F.	Die Gesamtstrahlung einiger Oxyde und Oxydgemische. Mitteilungen aus dem Kaiser-Wilhelm-Inst. f. Eisenforschung zu Düsseldorf. Verlag Stahleisen m.b.H., Düsseldorf (1932)
Le Guen, G.	Études á rayons infrarouges sous vide. Révue Le Vide, März 1950
Maisonneuve, J.	Lampes à rayonnement infrarouges pour application thermique. Informations Mazda, (1947)
Mohn und Lorenz	Der Heraeus-Infrarotstrahler und seine Strahlungseigenschaften. Festschrift zur 100-Jahrfeier, W.C.Heraeus, Hanau (1951)
Parisot	Obtention de hautes températures par concentration du rayonnement de l'arc intensitif. Berichtband, III. internationaler Elektrowärme-Kongress 1953, Bericht 611
Schwank, G.	Gasglühbrenner. Gas- und Wasserfach Bd. 96 (1955) S. 206-210
Suhrmann, R.	Aufbau und Verwendung von Ultrarotgeräten. Chemie-Ingenieur-Technik Nr. 19 (1950) S. 409-415

III. Abstrahlungsverhältnisse

Baudin, B. — Calcul de l'énergie rayonnée par une flamme et mesure des températures de flammes par des méthodes optiques dans le cas d'une répartition non uniforme en température et en pouvoir emissif.
Revue Optique, 35.Jahrg. Nr.7 (1956) S.381

Bogaerts, C. und P. Meyer — Die Berechnung und Messung des Temperaturverlaufs in Wärmeübertragungsrippen.
Forschung a.d.Gebiet d.Ing.-Wes. 2, 237 (1931)

Broida, V. — Die Abschirmung von Strahlungswärme durch Metallgeflechte.
Chaleur et Ind. Bd. 32, H. 317, S. 347-352

Cadiergues, R. — Physik und Geometrie des Wärmeaustausches durch Strahlung.
Chaleur et Ind. Bd. 33, H. 329, S. 395-410 und Bd. 34, H. 330, S. 17-28 und H. 331, S. 43-54

Fauth, U. und W. Schüle — Untersuchungen über die Wärmeabgabe von Gasheizöfen durch Konvektion und Strahlung.
Gesundheits-Ing. 77 (1956) Nr.5/6, S. 69-72

Försterling, H. — Verteilungstemperatur (physikalische Farbtemperatur) I und II.
ATM 435-1, 35 (1954)
ATM 435-2, 61 (1954)

Gröber, H. und S. Erk — Die Grundgesetze der Wärmeübertragung.
Fachbuch, Julius Springer (1933)

Halbertsma, N.A. — Die Vorausbestimmung der Lichtverteilungskurven eines spiegelnden Reflektors.
Zeitschr. f. techn. Physik 6. 501 (1925)

Hamaker, H.J. — Temperatur- und Strahlungsverhältnisse einer Metallstrahlungsdecke.
Allgem. Wärmetechn. Bd.7 (1956) S. 9-14

Hübner, H.J. — Messung der Oberflächentemperatur von Gläsern, die durch Strahlung erhitzt werden.
Ztschr. angew. Phys. 7, 273 (1955)

Jaklitsch, Fr. — Wärmeübergang bei Maschinen.
Fachbuch, Verlag R. Oldenbourg, München 1939

Kohn, H. — Über die Temperatur inhomogener Flammen.
Phys. Zeitschr.XV (1914) S. 98

Kollmar, A.	Die konvektive Wärmeübergangszahl und der Einfluss der H_2O- sowie CO_2-Strahlung auf die Wärmeabgabe der Deckenheizfläche. Heizung, Lüftung, Haustechn. 6 (1955)
Kollmar, A.	Zur Theorie und Praxis der Einstrahlzahlen. Gesundheits-Ing. 75, 309 (1954)
Krefft, Rössler und Hüttenauer	Ein neues Strahlungsnormal. Zeitschr. f. techn. Phys. 18, 20 (1937)
Leedy, R.H.	Einfluß der Oberflächenbeschaffenheit auf die infrarote Strahlung. Westinghouse Eng. Bd.14 (1954) H.4, S. 147-157
Le Guen, G.	La détermination de l'isoradiance. Revue Peintures, Pigments et Vernis, Mai 1944
Min, T.C.; L.F. Schutrum; G.V. Parmalee; J.D. Vouris	Natural convection and radiation in a panel-heated room. Heat.Pipe and Air Cond.; Ashae Journ. Sect.28, Nr.5 (1956) S. 153
Moser, H.; M. Stille; C. Tingwaldt	Strahlungskonstanten, Strahlungsäquivalent und optische Temperaturskala. Optik 14, 291 (1957)
Naeser, G. und W. Pepperhoff	Die Strahlungseigenschaften von feuerfesten Steinen und Schlacken und deren Einfluß auf den Wärmeübergang. Stahl und Eisen 69, 325 (1949)
Nowikoff, I.I.; A.N. Scolowjew; Je.N.Chabachpaschewa; W.A. Grusdew; A.I. Pridanzewm; M.Ja. Wassenina	Wärmeabgabe und wärmephysikalische Eigenschaften von geschmolzenen Alkalimetallen. Atomenergie Nr.4 (1956) S. 92-106
Pepperhoff, W. und G. Grass	Einfluss der Inhomogenität auf die Strahlung leuchtender Flammen. Arch. Eisenhüttenwes. 26, 9 (1955)
Pepperhoff, W. und A. Bähr	Zur Optik leuchtender Flammen. Arch. Eisenhüttenwes. 23, 335 (1952)
Rössler, F. und H. Pösch	Randzoneneinflüsse bei Temperaturbestimmungen an leuchtenden Flammen. Optik 13, 411 (1956)
Schack, A.	Strahlung von leuchtenden Flammen. Zeitschr. techn. Phys. 6, 530 (1925)

Schack, A.	Die Strahlung der Feuergase. Arch. Eisenhüttenwes. 13, 241 (1939) H. 6
Schack, A.	Die Gastrahlung vom physikalischen und technischen Standpunkt. Die Naturw. 5 (1927) S. 91-93
Schack, A.	Der industrielle Wärmeübergang. Fachbuch, Stahleisen m.b.H., Düsseldorf, 4. Aufl.(1953)
Schmidt, E. und K. Wenner	Wärmeabgabe über den Umfang eines angeblasenen geheizten Zylinders. Forschung a.d. Gebiet d.Ing.-Wes. 12 (1941) Nr.2, S. 65
Schmidt, H.	Die Gaswärmestrahlung fester Körper. Ergebn. exakt. Naturw. 7, 243 (1928)
Senftleben, H. und E. Benedict	Zur Frage der Strahlungseigenschaften und der Temperatur leuchtender Flammen. Ann. Phys. 60, 297 (1919)
Skaupy, F.	Licht- und Wärmestrahlung glühender Oxyde. Physik. Zeitschr. 28, 842 (1927)
Squassi, F.	Die Einstrahlzahlen in Wohnräumen. Gesundheits-Ing. 78, 69 (1957)
Ten Bosch, M.	Die Wärmeübertragung. Fachbuch, Julius Springer (1936)
Zimmermann, W.	Die Infrarot-Strahlungstechnik mit elektrischer Energie. Der Maschinenmarkt Nr. 13 (1956) S. 3-5 und Nr.14 S. 4-6

IV. Meßtechnik - Allgemeines

BASF	Die Temperaturmessung mit Thermocolor und Thermochrom. Druckschrift der BASF, Ludwigshafen (1955)
Behrens, H. und F. Rössler	Temperaturmessungen an leuchtenden Flammen. Z.Naturforschg. 5a, 311 (1950)
Behrens, H. und F. Rössler	Temperaturmessungen an Rußstrahlen in Flammen. Z.Elektrochem. 61, 610 (1957)
Bönnhoff, H.	Meß- und Reglungstechnik. Elektrowärme-Technik 4.Jahrg. (1953) Nr.5, S. 125
Bönnhoff, H.	Zur Auswahl von Temperatur-Registriereinrichtungen. Elektrowärme-Technik 5.Jahrg. (1954) Nr.5, S. 97
Bönnhoff, H.	Elektrische Meß- und Regelungseinrichtungen für Elektrowärme. Elektrowärme-Technik 5.Jahrg. (1954) Nr.6/7, S. 146
Brauer, P.	Temperaturmessung mit Leuchtstoffen. Physik. Verhdlg. 5 (1950) S. 61-62
Burton, E.J.	Temperature measurement. Progress.Review Nr.27 (1953) S. 260
Falckenberg, G.	Messungen von Oberflächentemperaturen durch Eigenstrahlung. ETZ (A) Bd.77 (1956) H.17, daselbst Verweis auf Arch.techn.Messen, V2162-3 (Febr.1956) Lfg.241, S. 27-28, 5B.
Grützmacher, Fr.	Neuere Thermostaten. Deutsche Mechanikerzeitung (1902) S. 184, 193, 201. (Beiblatt zur Ztschr.f.Instrumentenkunde)
Guthmann, K.	Erfahrungen mit Temperaturmeßfarben. Stahl und Eisen 70 (1950) S. 116-118
Guthmann, K.	Temperaturmeßfarben und -meßfarbstifte. ATM, V215-3 (1943) und ATM, V215-4 (1947)
Heidtkamp, G.	Meßgerät für Wärmestrahlung aus einem Raumwinkel von 180 Grad. Gesundheits-Ing. Bd.78 (1957) H.9/10, S. 129-133
Heinrich, W. und F.Peschke	Meßmethoden schnellveränderlicher Temperaturen. Die Technik, 12.Jahrg., H.8, (1957) S. 532

Hencky, K. und O. Knoblauch — Bekanntmachung über die gesetzliche Temperaturskala. Zeitschr. f. Phys. 29, 394 (1924)

Henning, F. — Die Grundlagen, Methoden und Ergebnisse der Temperaturmessung. Fachbuch, Vieweg & Sohn, Braunschweig (1915)

Henning, F. — Temperaturmessung. Fachbuch, Leipzig (1955), 2.Aufl.

Holdack, H. — Temperaturmessungen in der Heizungs-, Lüftungs- und sanitären Technik. Heizung, Lüftung, Haustechn. Bd.7 (1956) H.4, S. 66-68

Hunsinger, W. — Thermoelektrische Temperaturmeßeinrichtung für hohe Genauigkeitsanforderungen, insbesondere für thermische Analysen. Z.F.Metallkunde 44 (1953) S. 261-264

Hunsinger, W. — Richtlinien für die Installation von Temperaturmeß- und Regelanlagen. Feinwerktechn. 56 (1952) S. 199-204 und Berichtigung 57 (1953) S. 150

Kessler, R. — Ein Lichtmodulator zum Betrieb von Ultrarotempfangsantennen. Ztschr. angew. Phys. 8, 405 (1956)

Knüppel, H., K.E. Mayer, G. Wiethoff, K. Doffin, W. Koch — Die Temperaturmessung im blasenden Thomaskonverter. Stahl und Eisen 76, 1410 (1956)

Korte, H. — Messtechnische Grundlagen für die Messung der Strahlungsleistung. ATM, 401-1, 57 (1954)

Lieneweg, F. — Der Erwärmungsfehler von Widerstandsthermometern. ATM, I 023-4 (1949)

Lieneweg, F. — Meßfehler von Thermometern, ihre Kontrolle, Prüfung und Beseitigung. Feinwerktechnik 56 (1952) S. 325-332

Lieneweg, F. — Temperaturmessung, Anleitung zur genauen technischen Temperaturmessung. Fachbuch, Leipzig, Akadem. Verlagsges. Geest & Portig, K.-G. (1950)

Lieneweg, F. — Die Bestimmung von Temperaturmeßfehlern mittels Thermometerkennzahlen. Entwickl.-Bericht der Siemens & Halske A.G.(1952) 2, S. 201, Brennstoff-Wärme-Kraft 3, 305 (1951)

Lieneweg, F.	Über Genauigkeitsanforderungen an wärmetechnische Meßanlagen, dargestellt am Beispiel der Temperaturmessung. Brennstoff-Wärme-Kraft 5, 211 (1953)
Lieneweg, F. und H. Vanoor	Schnell ansprechende Widerstandsthermometer für einen weiten Temperaturbereich. Chemie-Ingenieur-Technik 27, 309 (1955)
Lindorf, H.	Technische Temperaturmessung. Fachbuch, Verlag W. Girardet, Essen (1956)
Lotz, H.	Neue Normen auf dem Gebiet elektrischer Temperaturmeßgeräte. Elektrowärme-Techn. 5 (1954) S. 100-102; 124-126; 169-170
Meister, R. P. Weber-Klein Fr. Wefer, J. Hartwig	Temperaturmessung in Glashütten. Fachausschußbericht Nr.55 der Deutschen Glastechnischen Gesellschaft,(Aug. 1955) S. 479-518
Moutet, A.	Méthode de mésure et d'enrégistrement rapide des témperatures des flammes. Rech.Aéronautiques, 27 (1952) S. 21 und 28 (1952) S. 21
Naeser, G.	Ausschußverminderung durch Strahlungsmessungen in Schmelzbetrieben mit dem Farbhelligkeitspyrometer "Bioptix". Stahl und Eisen 59, 592 (1939)
Naeser G. und W. Pepperhoff	Optische Temperaturmessungen an leuchtenden Flammen. Arch. Eisenhüttenwes. 22, 9 (1951)
Pirani, M. und R. Rompe	Temperaturbestimmung in Gasen. Wiss. Abhandlg. Osram 4 (1936) S. 59
Rank, D.H. A.H. Guenter J.N. Shearer T.A. Wiggins	Secondary and Tertiary Interferometric Wavelength Standards in the 1,5 to 2,5 μ Region. Journ.Opt.Soc.Am. 47, 144 (1957)
Rössler, F.	Optische Bestimmung der wahren Temperatur. Ztschr. angew. Phys. 2, 161 (1950)
Rössler, F.	Ein Verfahren zur Temperaturbestimmung leuchtender Flammen. Physik. Verhdlg. 2 (1950)
Samal, E.	Genaue Temperaturmessungen in Metallschmelzen. Gießerei 2, 36 (1955)

Schmidt, H. und E. Liesegang — Spektralpyrometrische Messungen am Siemens-Martin-Ofen.
Mitt. Kaiser-Wilhelm-Institut f. Eisenforschung 10, 71 (1928)

Sorgenicht, W. — Strahlungsmessungen an Infrarotstrahlern für Raumheizungszwecke mit einer neuen Leichtsonde.
Forschungsbericht, Westdeutscher Verlag Köln und Opladen (1957)

Valentiner, S. — Physikalische Grundlagen der Meßtechnik in der Wärmewirtschaft.
Fachbuch, Verlag für angewandte Wissenschaften, Wiesbaden (1953)

V D I — VDI-Temperaturmeßregeln (Temperaturmessungen bei Abnahmeversuchen und in der Betriebsüberwachung).
VDI-Verlag, auch als DIN 1953 ins deutsche Normenwerk aufgenommen.

Walger, O. — Die Kennzahlen des Wärmeüberganges in anschaulicher Darstellung und Anwendung.
Chemie-Ingenieur-Technik 26, 667 (1954)

Wormser, E.M. — Properties of Thermistor Infrared Detectors.
Journ.Opt.Soc.Am. 43, 15 (1953). Empfindliches Bolometer im Gebiet von 1 bis 15 µ.

Weber, R.L. — Heat and Temperature Measurement.
Fachbuch, New York (1950)

Zottmann, W.A. — Messungen mit Dehnungsmeßstreifen bei zeitlich und örtlich veränderlichen Temperaturen I.
ATM, 135-12, 197 (1957)

V. Thermoelemente, Thermosäulen, Bolometer, Radiometer, Pyrometer

Ausschuß für Funkortung, Herausgeber: Staatssekretär Prof.Dr.Leo Brandt — Forschungsarbeiten über ultrarotempfindliche Strahlungsempfänger. Sonderbücherei der Funkortung

Barth, G. — Bolometer für Strahlungsmessungen. ATM, 23-3, 201 (1957)

Bracewell, R.A. — An ultrared radiation pyrometer. Electron.Engng. 27, 238 (1955)

Euler, J. — Die Meßgenauigkeit von Teilstrahlungspyrometern. ATM I, 321-6 (1954) und I 321-7 (1955) Lfg. 227

Euler, J. — Fortschritte auf dem Gebiet der optischen Pyrometrie in den Jahren 1940-1950. Ztschr. angew. Phys. 2, 505 (1950)

Euler, J. — Über die Meßgenauigkeit von Teilstrahlungspyrometern in der Mired-Skala. Ztschr. angew. Phys. 7, 86 (1955)

Fornander, Sven — Über den Einfluß des Farbsinnes auf die Temperaturmessung mit Bioptixpyrometern. Jernkont.Analer 125, 67 (1941)

Geiling, L. — Thermoelemente für Strahlungsmessungen I und II. ATM, 2404-2 (1955) und ATM, 2404-3 (1956)

Hase, R. — Die Strahlungssonde. Elektro-Wärmetechnik Nr.2/3 (1953) S. 33-35

Hoffmann, F. und C. Tingwaldt — Optische Pyrometrie. Fachbuch, Verlag Vieweg, Braunschweig (1938)

Hoffmann, F. und M. Schley — Zur Messung sehr geringer Strahlungsleistungen mit Thermoelementen. Ztschr. angew. Phys. 7, 109 (1955)

Horner, J.D. Watts, B.N. — Infrared Radiation Pyrometer. Journ.scient.Inst. 32, 167 (1955)

Jagersberger, A. — Meßgenauigkeit der technischen Teilstrahlungspyrometer. Bull.Ass.suisse electr. 40, 179 (1949)

Kessler, R. — Das Verhalten von Thermoelementen bei intermittierender Bestrahlung unter dem Einfluß sich ausbildender Wärmewellen. Ztschr. angew. Phys. 9, 408 (1957)

Lieneweg, F.	Ein neues Hohlspiegelpyrometer Ardonox zur Messung niederer Temperaturen. ATM 321-3 (1954)
Male, D.W.	A photographic pyrometer. Rev.Sci.Instrum. 22, 769 (1951)
Naeser, G.	Über ein verbessertes Farb-Helligkeits-Pyrometer und seine Anwendung. Stahl und Eisen 76, 968 (1956)
Naeser, G.	Über ein einfaches Farbpyrometer. Mitt. Kaiser-Wilhelm-Inst. f. Eisenforschung Bd.XI, Lieferung 22 (1929) S. 373
Naeser, G.	Zur Farbpyrometrie. Mitt. Kaiser-Wilhelm-Inst. f. Eisenforschung 12, S. 299-365 (1930)
Niemeyer, K.	Ein neues Strahlungspyrometer für niedrige Temperaturen von 0 Grad bis 600 Grad. Stahl und Eisen 75, 989 (1955)
Schneider, R.	Messung kleiner Temperaturdifferenzen mit der Hitzedrahtbrücke. ATM 212-3, 217 (1955)
Schulze, R.	Über ein Strahlungsmeßgerät mit ultrarotdurchlässiger Windschutzhaube am Meteorologischen Observatorium Hamburg. Geofisica pura e app. 24, 107 (1953)
Sutton, D.J. und P.E. McNall jr.	A two-sphere radiometer. Heat.Pipe and Air Cond. 26, 157 (1954)
Thurlow, G.G.	Ein neues Absaugepyrometer zum Messen sehr hoher Temperaturen. Coke and Gas 19, 201 (1957)

VI. Absorption, Dispersion, Reflexion, Durchlässigkeit, Polarisation

Braithwaite, J.G.N. Infrared Filters using evaporated layers of lead sulphide, lead selenide and lead telluride. Journ.scient.Inst. 32, 10 (1955)

Chin, N.B., R.E. Horn. Infrared Skiascopic Measurements of Refractive Changes in Din Illumination and Darkness. Journ.Opt.Soc.Am. 46, 60 (1956)

Fragstein, v.C. Über die Formulierung des Kirchhoffschen Gesetzes und ihre Bedeutung für eine zweckmäßige Definition von Remissionszahlen. Optik, 12, 60 (1955)

Frerichs, R. New Optical Glasses with Good Transparency in the Infrared. Journ.Opt.Soc.Am. 43, 1153 (1953) Gebiet 1 bis 20µ.

Florinskaja,V.A. Reflexionsspektren von Silikatgläsern vor und nach thermischer Behandlung. Dokl.Akad.Nauk. SSSR 90, 1011-1014 und Glastechn. Berichte 29 (1956) S. 89 und 91

Försterling, K. und V.Freedericksz. Die optischen Konstanten einiger Metalle im Ultrarot. Ann.Phys. 40, 4.Folge, S. 201

Genzel, L. Messung der Ultrarotabsorption von Glas zwischen 20 und 1360 Grad C. Glastechn.Berichte 24, 55 (1951)

Greenler, R.G. Interference Filters for the Infrared. Journ.Opt.Soc.Am. 47, 130 (1957). Interferenzfilter für das Gebiet von 5 bis 20µ.

Herbatschek. Grundlagen der Infraroterwärmung. Beilage "Elektrowärme" zur ÖZE 6 (1953) H.8

Hilsum, C. Infrared Absorption of thin Metal Films. Journ.Opt.Soc.Am. 44, 188 (1954)

Hurst, C. The emission constants of metals in the near-infrared. Proc.Roy.Soc., Ser.A 142, (1933) S.466

Kern, E. Die Bestimmung der optischen Konstanten von Neodyn im sichtbaren Spektralgebiet und im nahen Ultrarot. Zeitschr. f. Phys. 148, 38 (1957)

Münch, B. Die Richtungsverteilung bei der Reflexion von Wärmestrahlung und ihr Einfluß auf die Wärmeübertragung. Diss. Zürich (1955)

Penndorf, R.	Tables of the Refractive Index for Standard Air and the Rayleigh Scattering Coefficient for the Spectral Region between 0,2 and 20 μ and their Application to Atmospheric Optics. Journ.Opt.Soc.Am. 47, 176 (1957)
Pepperhoff, W.	Ultrarote Reflexionsspektren binärer Blei-Silikat-Gläser. Z.Elektrochem. 58, 520 (1954)
Reitmaya, F.	Lichtbrechung und Dispersion optischer Gläser im unsichtbaren Spektralgebiet. Optik 13, 544 (1956)
Salzberg, C.D. J.J. Villa	Infrared Refractive Indexes of Silicon Germanium and Modified Selenium Glass. Journ.Opt.Soc.Am. 47, 244 (1957)
Simon, J. H.O.McMahon	Study of the Structure of Quartz, cristobalite, and Vitreous Silica by Reflection in Infrared. Journ.Chem.Phys. 21,23 (1953) Reflexions- und Absorptionsuntersuchungen im Gebiet von 700 bis 1400 cm^{-1}

VII. Photozellen, Photographie, Bildwandler

Cubasch, Fr. — Zwei neue Bildwandlerröhren für wissenschaftliche Zwecke.
Elektron-Rundschau Bd.9 (1955) H.1, S. 5-11

Déribéré, M. — Études photographiques des répartition thermiques dans les enceintes chaudes et en particulier sur les objets traités par rayonnement.
3. Elektrowärmekongress, Sektion 6, Nr. 601

Déribéré, M. — Photographie infrarouge et archéologie.
Le Photographe (1954) Nr. 828

Genzel und Müser — Die Lichtempfindlichkeit von PbS-Schichten.
Phys. Blätter 9, 425 (1929) Vortrag auf der Physikertagung

Gobrecht, H. W. Weiss — Zur photographischen Aufnahme im Ultrarot nach der Methode von CZERNY (Evaporographie).
Ztschr. angew. Phys. 5, 207 (1953)

Godridge, A.M. — Photozellen für den Gebrauch in der Strahlungspyrometrie.
Brit.Coal Utilisat.Res.Assoc.monthly Bullet 20, 349 (1956)

Naeser, G. und W. Pepperhoff — Über Ultrarotphotographie.
Arch. Eisenhüttenwes. 21, 293 (1950)

Naumann, H. — Bestimmung der Schnittweite und der Brennweite photographischer Objektive für Ultrarot.
ATM, 44-11, 165 (1954)

Paulson, R. — Infrarotempfindliche Empfänger.
Electric.Engng. 74, 214 (1955)

Pratt, T.H. — Die infrarote Bildumformerröhre.
Electronic Engineering (1948) S. 274-278 und S. 314-316

Selényi, P. — Sensibilisierung von Selen-Photoelementen für Infrarot durch Quecksilberdampf.
Acta Phys. 3, 65 (1953)

VIII. Nachrichtentechnik und Navigation

Gresky, G. — Vergleichende Strahlungsmessungen an Zellen und Spiegeln zur Verwendung im Wärmesuchgerät.
Zeitschr. f. Instrumentenkunde 52, 225 (1932)

IX. Kontroll- und Steuertechnik, Sicherungswesen

Faehse, A. — Neue Regler für die Heizungs- und Lüftungstechnik. VDI-Zeitschr. 98, 170 (1956)

Hoffmann, E.G. — Ultrarot-Analyse in der amerikanischen Verfahrenstechnik und Betriebskontrolle. Chemie-Ingenieur-Technik 28, 54 (1956)

Junker, B. — Die regeltechnischen Grundlagen der Anwendung selbsttätiger Regler in der Heizungstechnik und Klimatechnik. Heizung-Lüftung-Haustechnik 7, 177 (1956)

Megede, W. zur — Einführung in die Technik selbsttätiger Regelungen. Verlag Walter de Gruyter & Co., Bln., Sammlung Göschen Bd. 714/714a

Nentwig, K. — Über einfache Infrarot-Lichtrelais. Elektro-Technik Nr.38, 330 (1955)

Weber, Fr. — Meß- und Regelgeräte in der Wärmeverteilungsanlage eines Bureauhauses. Siemens-Zeitschr. 28, 363 (1954)

X. Trocknung

Berliner, E. und W. Kipper — Die Verwendung von infraroten Strahlen zur Trocknung von gewaschenem Getreide. Die Müllerei, 6.Jahrg. (1953) Nr.14

Brecht, W. und L. Körner — Vergleich zwischen der Infrarot- und der Kontakttrocknung von Papieren im Laboratoriumsversuch. Das Papier 5, 182 (1951)

Czepek, E. — Holztrocknung mit Elektrowärme. Elektrowärme-Technik 1, 81 (1950)

Delière, E. und E. Plumat — Séchage par rayonnement infrarouge généré par verre electro-conducteur. Ind.chim.belge, Bruxelles 20, 9, 961 (1955)

Déribéré, M. — Nouveau procédé de séchage par les rayons infrarouges. La Nature, Nr.3, 068 (1941) S. 112-114

Déribéré, M. — Comportement des matières plastiques dans l'infrarouge de séchage. Plastiques, (1944) Januarheft, S. 10-13

Déribéré, M. — Applications du séchage par rayonnement infrarouge. Chimie et Industrie, Technologie, (1944) S. 30-34

Déribéré, M. — Le séchage par rayonnement infrarouge et quelquesunes de ses applications. La Métallurgie, Februar, März, April 1943, S. 17-18

Déribére, M. — Quelques applications pratiques des rayons infrarouges dans l'industrie textile. Industrie textile, Juli 1943, S. 143-145

Déribéré, M. — L'application des lampes de séchage par rayons infrarouges a l'industrie de Caoutchouc. Révue Général du Caoutchouc, Februar 1943, S. 36-38

Déribéré, M. — Le séchage par rayonnement infrarouge de quelques produits chimiques. Industrie Chimique, Oktober 1948

Déribéré, M. — Le séchage par rayonnement dans l'industrie céramique. Industrie Céramique, Dezember 1948

Déribéré, N. — Séchage de la colle par rayonnement infrarouge. La France Graphique, Oktober 1948

Déribéré, M. — Séchage des fibres textiles par l'infrarouge. TIBA, Juli 1948

Dériberé, M. — Le rayonnement infrarouge dans les industries du cuir. Révue Technique de L'Industrie de Cuir, Juni 1948

Dériberé, M. — Séchage et cuisson infrarouge des noyaux de fondérie. La Métallurgie, November 1949

Dériberé, M. — Nouvelles Étuves perfectionnées pour applications du séchage par rayonnement infrarouge. Traveaux de Peintures, März 1956

Dériberé, M. — Le séchage acceléré des flaus de chichérie. La Papétérie Nr.5 (1956)

Dériberé, M. — L'application des lampes de séchage par rayons infrarouges à l'industrie du caoutchouc artificiel. Révue Général du Caoutchouc, Juli 1944, S. 148-149

Dériberé, M. — Le séchage du Latex. Révue Général du Caoutchouc, Januar 1945, S. 16-17

Dériberé, M. — Le séchage par rayonnement infrarouge; son évolution et ses applications pratiques. 2. Internationaler Elektrowärme- und Elektrochemie-Kongress, La Haye, (1947), Bericht C7, S. 186-306

Dériberé, M. — Séchage du bois par rayonnement infrarouge. Electricité, Oktober 1947, S. 199-200

Dériberé, M. — Le séchage par rayonnement des induits de moteurs. Electricité, Nr. 158 (1949) S. 147-148

Dériberé, M. — Le travail des matières plastiques par les rayons infrarouges. Chimie et Industrie, Nr.5 (1955) S. 913-918

Donath, E. und E. König — Anwendungsmöglichkeiten von Infrarotstrahlen zum Konservieren von Obst, Gemüse und Heilpflanzen. Technik 10, 157 (1955)

Duchène, R. — Étude comparative des divers modes de séchage industriel. La France Energique, N.1-2 (1949) S. 7-17

Fourné, F. und W. Kluge — Infrarottrocknung. Werkstatt und Maschinenbau, H.5 (1952), S. 195-199

Gautheret, R. — Une étuve de séchage des feutres de chapeaux par rayons infrarouges. Révue Electricité, Juli-August 1946

Gautheret, R. — Séchage des peintures et vernis par rayons infrarouges. Révue Electricité, März 1947

Gautheret, R. — Une installation de séchage de fulminate par rayons infrarouges.
Révue Electricité, Juni 1947

Gautheret, R. — Le séchage par rayonnement infrarouge de l'impression en timbrage rélief.
Révue Electricité, Mai 1950

Gautheret, R. — Le séchage par rayons infrarouges des rubans d'enrégistrement magnétique des sons dans une usine moderne.
Révue Electricité, Juni 1950

Geiger, Fr.K. — Die Schwammbeseitigung im Mauerwerk.
Holz, H.6 (1951) S. 132-135

Geslin, R.C. — Etudes sur les temperatures dans une étuve à rayonnement infrarouge.
Révue Electricité, Juni 1948

Geslin, R.C. — Étude des temperatures dans une étuve à lampes rayons infrarouges.
Electricité, (1949) Nr.147, S. 27-29

Geslin, R.C. — Évolution en France du séchage et du chauffage par rayonnement infrarouge.
III. Internationaler Elektrowärme-Kongress, Mai 1953, Sektion 4, Bericht 404

Glandsdorf, R. — Le séchage infrarouge dans le textile.
L'Industrie Textile (1954) Nr.807, S. 107-108

Hönisch, W. — Infrarotstrahlung und ihre praktische Anwendung in der Kraftfahrzeugindustrie.
Energie und Technik, H.7 (1954) S. 149-156

Jacob, G. — Zur Frage der Infrarottrocknung elektrischer Maschinen.
Deutsche Elektrotechnik, H.5, (1954) Beilage S. 35-36

Kaufmann, O. — Die Anwendung der Strahlungstrocknung in der Papierindustrie.
Das Papier, 5, 12 (1951)

Körner, H. — Infrarottrocknung in der Papierindustrie.
Das Papier, 4, 257 (1950)

Konschak und Freude — Berechnungsgrundlagen für Lacktrockenöfen.
Die Berufsgenossenschaft, November 1953, H.11

La Toison, H. — Chauffage et séchage par lampes à rayonnement infrarouge.
Paris Editions Eyrolles 1952, 2.Aufl.

La Toison, H. — Séchage par lampes à rayonnement. IVe Congrès International du Chauffage Industriel, 1952, rapport 69, groupe V, section 54

Lauterbach, H. — Die Infrarottrocknung der Lackierungen in der Kleineisen- und Blechwarenindustrie. Ind.-Anzeiger 83, 23 (1953)

Lecoy, J. — Séchage par émetteurs électriques à rayonnement infrarouge court. Chaleur et Industrie, Nr.343 (1954) S. 59-66

Le Guen, G. — L'installation rationelle des radiations infrarouges de séchage. Révue Electricité, Januar 1944

Löw, Zirke und Robaczyk — Infrarottrocknung für Bahnmotorenanker. Deutsche Elektrotechnik H.9 (1953) S. 459

Mackadam, A.F.C. — Applications of infra-red to drying of ceramics. Ceramic Age, August 1948, S. 80, 81, 84, 86, 94

Maisonneuve, J. — Le séchage et la cuisson des sardines opérés simultanement par lampes infrarouges. Révue de la Conserve, Dezember 1948

Manders, Th.J.J.A. — Der Trockenstrahler und seine hauptsächlichsten Anwendungen. Philips Technische Rundschau, Jahrg.9, 1947/48, Nr.8, S. 249-256

Matigot, M. — Assèchement dans l'industrie textile d'un apprêt vaporisé, par rayonnement infrarouge court. 3. Internationaler Elektrowärme-Kongress, Mai 1953, Sektion 4, Bericht 422

Merz, A. — Einiges über Infrarottrocknung. Werkstoffe und Korrosion, H.6/7 (1950) S. 263-265

Modlinger, R. — Das Trocknen elektrischer Maschinen. Elektrizitätswirtschaft 55, 758 (1956)

Narayanamurti, D. und B.N. Prasad — Infrarottrocknung von Fournieren. Holz als Roh- und Werkstoff 10, 92 (1952)

Persoz, B. — Polymérisation et séchage par les rayons infrarouges. Centre de Perfectionnement Technique-Cours-Conférences, Nr.974, Dezember 1942, Maison de la Chimie

Piraux, H. — Le séchage artificiel par lampes a rayonnement infrarouge. Le séchage des peintures, laques et vernis. La Métallurgie Nr.6, Juni 1943, S. 15-16

Raskop, Fr.	Zur Verwendung von Infrarot für die Tiefentrocknung imprägnierter Wicklungskörper. Elektrotechnik (1955) Nr. 3/4
Saatmann	Trocknung von kondensierenden Kunstharzlacken durch Bestrahlung. Korrosion und Metallschutz (1943) Bd.10
Schneehage, A.	Elektrische Trocknung im Bauwesen. Deutsches Elektro-Handwerk H.5 (1953) S. 79
Schwieter, A.	Trocknung mit ultraroten Strahlen. Zucker, Hannover, 5,12 (1952) S. 278-282
Selling, H.J.	Drying of textiles by infrared radiation. 3. Internationaler Elektrowärme-Kongress, Mai 1953, Sektion 4, Bericht 410
Sevin, R.	Le séchage par rayons infrarouges dans l'industrie du liège. Révue du Chauffage électrique, Nr.1 (1947) S. 10-12
Singer, O.	Tabaktrocknung durch Wärme-(Infrarot)-Strahlung. M.& S. Moser, Garmisch-Partenkirchen
Spahrkäs, H.	Über die Trocknung mit Infrarotstrahlen und ihre Anwendung in der Lederindustrie. Das Leder, Jahrg.3 (1952) H.4, S. 79-86
Stoll, H.	Stand der Strahlungstrocknung in der keramischen Industrie. Silikattechnik, Jahrg.2 (1951) H.9, S. 268-280
Voglmaier, M.	Infrarottrocknen von Lacken unter besonderer Berücksichtigung des Anwendungsgebietes innerhalb der feinmechanischen und optischen Industrie. Feinwerktechnik, Jahrg.55 (1951) H.7, S. 170-175
Weigelt, W.	Hohe Temperaturen durch Sonnenöfen. Umschau, Bd.53 (1953) S. 484-486
Weigelt, W.	Über den heutigen Stand der Infraroterwärmung. Techn. Mitteilungen Bd.47 (1954) H.2, S. 51-54
Wichmann, A.	Die Trocknung elektrischer Maschinen. ETZ - A Bd.76, H.10 (1955)
Würker, E.	Erfahrungen auf dem Gebiet der Infrarottrocknung. Deutsche Wirker-Zeitschrift 1, 74 (1952)

XI. Heizung

Ackery, E.M.
Elektrische Strahlungsheizung mit Heizkörpern über 200 Grad Celsius. Ind.Heat.Engr. London, 16, 104 (1954) S. 166-167

Allmenröder, E.
Strahlplattenheizung, eine neuartige Lösung des Problems der Fabrik- und Werkhallenheizung. Wärme-Luft-Gesundheitstechn. 8, 61 (1956)

Aschmann, U. und H. Masukowitz
Die Einteilung der Elektroöfen und Elektrowärmegeräte nach Frequenzen, Erhitzungsarten und Ofenbauformen. Elektrowärme 15, 6 (1957)

Barczewsky, H.
Beitrag zur kombinierten elektrischen Strahlungs- und Konvektionsheizung. Elektrowärme-Techn. 5, 204 (1954)

Bauer, W.
Geräte mit Wärmespeicherung für Heizung und Wasserbereitung. Elektrowärme 15, 221 (1957)

Bauer, W.
Die Normung auf dem Gebiet der Elektrowärmegeräte. Elektrowärme-Techn. 5, 75 (1957)

Baumann, W.
Radiatoren- oder Deckenheizung in Wohnräumen. San.-Techn. 19, 45 (1954)

Baxmann, H.G.
Die Temperaturverteilung in der strahlungsbeheizten Kassenhalle einer Großbank. Heizung-Lüftung-Haustechn. 5, 21 (1954)

Boer, L.J.J.
Elektrische Raumheizung und ihre Anwendungsmöglichkeiten. ETZ - B, Bd.8 (1956) H.8

Boegart, C. und P. Meyer
Die Berechnung und Messung des Temperaturverlaufs in Wärmeübertragungsrippen. Forschung a.d.Gebiet d.Ing.-Wes. 2, Nr.7 (1951), S. 237

Borstelmann, P.
Wo steht die elektrische Raumheizung heute? Elektrowärme 15, 226 (1957)

Brandi, O.H.
Heizung, Lüftung, Klimatisierung. VDI-Ztschr. 97, 33 (1955)

Büttner, Br. und O.Tolle
Betonfahrbahnen mit eingebauter Heizung in Flugzeughallen. Beton- und Stahlbetonbau, 51.Jahrg., H.10, Oktober 1956

Bulnheim, H.	Freiplatzbeheizung mit gasbetriebenen Infrarotstrahlern. Heizung, Lüftung, Haustechn. 5, 83 (1954)
Bulnheim, H.	Weiterentwicklung der Infrarotheizung. Städtehygiene H.6 (1953) S. 136-145
Bulnheim, H.	Gasbetriebener Infrarotstrahler. Industriekurier 19 (1954) Nr. 132, S. 297
Cholette, A.	Heat transfer local and average coefficients for air flowing inside tubes. Chemic.Engng.Progress 44, 81 (1948)
Chrenko, F.A.	Heated ceilings and comfort. Journ. of the Inst.of Heat.Vent.Eng. London 20 (1953) Nr.209, S. 375-396 und 21 (1953) Nr.215, S. 145-154
Chrenko, F.A.	Heated floors and comfort. Journ. of the Inst.of Heat.Vent.Eng. London 23 (1956) S. 385
Cox, W.R.	Radiant heating methods of industrial buildings. Journ.of the Inst.of Heat.Vent.Eng. 21, 405 (1954)
Dume, R.	Le rayonnement infrarouge appliqué au chauffage. L'Ectricien, August 1952, S. 159-163
Elser, K.	Der Wärmeübergang im Rohreinlauf. Allgem. Wärmetechn. 3, 30 (1952)
Elser, K.	Der Wärmeübergang in der thermischen Anlaufstrecke bei hydrodynamisch ausgebildeter turbulenter Zuströmung im Rohr. Schweiz.Arch.Angew.Wissensch. und Techn. 15, 359 (1949)
Fischer, L.J.	Heizung und Lüftung in England. Gesundheits-Ing. Bd.75 (1954) H.1/2, S. 8-12, H.3/4, S. 54-56, H.5/6, S. 90-92
Fourné, Fr.	Infrarot-Raumheizung. Elektrowärme-Technik, H.6 (1953)
Fröhr, Fr.	Die elektrische Strahlungsheizung. Fachbuch, Verlag "Sanitäre Technik" Düsseldorf, 1956
Fröhr, Fr.	Die elektrische Strahlungsheizung. Sanitäre Techn. 21, 58 (1956)
Fröhr, Fr.	Elektrische Decken- und Wandstrahlungsheizung zum Zwecke der Übergangs- und Zusatzheizung. Elektrowärme-Techn. 5, 208 (1954)

Garber, H.J. und F.M. Tiller — Infrared radiant heating. Industrial and Engineering Chemistry 34, 773 (1942)

Gautheret, R. — Le chauffage électrique par émetteurs de rayonnement infrarouge court. Sodel, Paris (1954) 71 Seiten

Geffken, W. — Zur Fortleitung der Wärme in Glas bei hohen Temperaturen. Glastechn. Berichte 29, 42 (1956)

Ghai, M.L. — Principles of radiant heating for comfort in passengers cars. Railway Age 128 (1950) 8, S. 48-51

Gini, A. — Stand der italienischen Heiz- und Lüftungstechnik. Gesundheits-Ing. 75, 375 (1954)

Glaser, H. — Neuere Ergebnisse wärmetechnischer Grundlagenforschung. Chemie-Ingenieur-Technik Nr.3 (1957) S. 176

Grass, G. — Wärmeübergang an turbulent strömende Gase im Rohreinlauf. Allgem. Wärmetechn. H.3 (1956) S. 58

Grigull, U. — Wärmeübergang an nicht-Newtonsche Flüssigkeiten bei laminarer Rohrströmung. Chemie-Ingenieur-Technik Nr.8/9 (1956) S. 563

Haase, H. — Möglichkeiten und Grenzen elektrischer Heizung. ETZ - B 8, 11 (1956)

Haeder, W. und F. Pannier — Physik der Heizungs- und Lüftungstechnik. Lehr- und Handbuch, Verlagsbuchhdlg. Carl Marhold, Bln.-Charlottenburg 9, 1955

Haeder, W. — Der Umgang des Praktikers mit Fachbegriffen und Formeln aus der Heizungs- und Lüftungstechnik. 2. Folge Bd.9 der "HR"-Bücher, Verlag Haenchen & Jäh, Bln.-Charlottenburg, 1955, 155 S.

Haznadaroff, B. und J. Maisonneuve — Le chauffage électrique à rayonnement infrarouge. Révue B I.P., Dezember-Januar 1953

Hein, F. — Die Heizung der Adalbert-Stifter-Schule in Würzburg. Gesundheits-Ing. 77, 100 (1956)

van der Held, E.F.M. — Der Strahlungsbeitrag an der Wärmeleitung. Allgem. Wärmetechn. 4, 236 (1953)

Hendriks, E. — Nicht Alltägliches aus der Entwurfsarbeit des Heizungsingenieurs. Heizung-Lüftung-Haustechn. 5, 43 (1954)

Hensel, W.	Eine neuzeitliche Kirchenheizung. DEH Bundeszeitschrift Deutsches Elektrohandwerk, 30.Jahrg. 1.Märzheft (1955) S. 81
Hensel, W.	Elektrische Strahlungsheizung. Architekt, Bd.5 (1956) S. 73-75
Jacobi, E.	Heizung und Lüftung. BWK 8, (1956) H.9
Kämper, Hottinger, v.Gonzenbach	Die Heiz- und Lüftungsanlagen in den verschiedenen Gebäudearten. Fachbuch, Springer-Verlag Berlin, Göttingen,Heidelberg, 3.Aufl. 1954
Kentner, U.	Bericht über eine ausgeführte Strahlungsheizung. Elektrowärme-Techn. 5, 201 (1954)
Klaus, K.	Strahlplatten als Heizelement für Werkhallen. San.-Techn. 21, 237 (1956)
Klinger, H.J. und J. Ritter	Kalender für Heizungs-Lüftungs- und Badetechniker. Verlagsbuchhdlg. C. Marhold, Bln.-Charlottenburg, 1955
Körting, J.	Erfahrung mit einer Strahlungsheizung. Gesundheits-Ing. 76, 216 (1955)
Kollmar, A. und W. Liese	Die Strahlungsheizung. IV. Aufl. Verl. Oldenbourg-München 1957, Literaturverzeichnis mit ca. 100 Angaben
Kollmar, A. und W. Liese	Hygienische und technische Gesichtspunkte zur Infrarotheizung. Gesundheits-Ing. 76, 1 (1955)
Kollmar, A.	Vereinfachte Berechnung einer Kupferrohr-Deckenstrahlungsheizung. Pro-Metal, Fachztg.d.schweiz.Metallindustrie (1955) S. 471-477
Kollmar, A.	Die Berechnung der Hohlraumdeckenheizung. Gesundheits-Ing. 77, 97 (1956)
Kollmar, A.	Die Berechnung und Ausführung der Kupferrohr-Strahlungsheizung. San.-Techn. 21 (1956) S. 271-276 und S. 315-318
Kunz, G.	Electric heating of concrete construction. Engineering News-Record, 21.Februar (1935) S. 286
Lauster, Fr.	Erwärmung im Temperaturstrahlungsfeld. Sonderdruck aus "Jahrbuch der Elektrowärme" Vulkan-Verlag Dr.W.Clausen, Essen

Lenz, H.	Elektrische Kirchenheizung. Haustechn. Rundschau 54, 162 (1955)
Liese, W.	Heizung, Lüftung und Klimatisierung. Energie Bd.8 (1956) Nr.6
Linke, W.	Der Wärmewiderstand von Korrosionsschutzschichten. Chemie-Ingenieur-Technik 27, 142 (1955)
Linke, W.	Der Wärmeübergang durch Thermopane-Fenster. Kältetechnik Bd.8, H.12 (1956) S. 378-384
Lohausen, K.A.	Elektrische Infrarot-Raumheizung. Dtsch.Elektrotechn.Ztschr. H.1 (1957) S. 24
Mackasy, A.	Die Verbesserung der Wirtschaftlichkeit der Strahlungsheizung. Bauinstallation Nr.1 (1952) S. 1
Mackasy, A.	Die Behaglichkeit bei der Randzonen-Strahlungsheizung. Heizung,Lüftung-Haustechn. 8, 105 (1957)
Mann, F.J.	Die Verwendung von Siliziumkarbid als elektrischer Heizkörper. Elektrizitätswirtschaft 54, 871 (1955)
Maurer, M.	Beispiele ausgeführter Infrarotraumheizungsanlagen. Der Ingenieur, H.7/8 (1953) S. 19-22
Missenard, A.	Der Entwicklungsstand der französischen Heizungstechnik. Gesundheits-Ing. 75, 5 (1954)
Missenard, A.	Die Entwicklung der Heizungstechnik in Frankreich in den letzten 10 Jahren, mit besonderer Hinsicht auf die Strahlungsheizung. Bauinstallation Nr.6 (1955) S. 60
Mölter, F.F.	Planung von heiz- und lüftungstechnischen Anlagen. Elektrizitätswirtschaft 55, 837 (1956)
Müller, H.	Elektrowärme. ETZ - A 77, 646 (1956)
Müller, H.	Physikalische Grundlagen der elektrischen Raumheizung. Elektrowärme-Techn. 5, 187 (1954)
Naumann, Jos.	Radiatoren oder Strahlungsheizung? Schweiz.Techn.Zsch. Nr.38 (1953) S. 613-619
Nederlands Institut voor electrowarmte en electrochemie	Electrische Verwarming in Kerken. Arnheim, Nederlands institut voor electrowarmte en electrochemie

Nentwig, K. — Zur Physik der Strahlungsheizung. Elektro-Techn. 25, 330 (1955)

Oeljeschlager, H. — Elektrowärme in der Raumheizung. Die Elektro-Post Nr.1 vom 10.1.1954

Oeljeschlager, H. — Die Elektrowärme für Gewerbe und Industrie auf der technischen Messe in Hannover. Elektrizitätswirtschaft 54, 528 (1955)

Oeljeschlager, H. — Elektrische Fußbodenheizung. ETZ - B 8, (1956) H.12

Oeljeschlager, H. — Anwendung der elektrischen Raumheizung an Beispielen aus dem Versorgungsgebiet der HEW Hamburg erläutert. Elektrowärme-Techn. 5, 197 (1954)

Orlicek, A.F. — Elektrische Ultrarotstrahler als Wärmequelle. Chemie-Ingenieur-Technik 27, 84 (1955)

Pallot, A.C. — The radiative envirement of buildings and its effect on heat transmission. Journ.Inst.Heat.Vent.Eng. Nr.224 (1954) S. 1

Preisser, F. — Kritische Betrachtungen zur Anwendbarkeit der Deckenstrahlungsheizung für gebräuchliche Baukonstruktionen. San.-Techn. Bd.20 (1955) Nr.4, S. 140-144 und S. 160

Preisser, F. — Radiatoren oder Strahlungsheizung? San.-Techn. 19, 351 (1954)

Recknagel-Sprenger — Taschenbuch für Heizung und Lüftung. 49.Jahrg., München 1956

Regh, H. — Erfahrungen mit Heizeinrichtungen für Werkhallen und Werkstätten. Wärme-Luft-Gesundh.Techn. 8, 64 (1956), San.-Techn. 21, 170 (1956)

Reichow, Günther — Heizung, Lüftung und Klimatisierung von Großräumen. Verlagsbuchhdlg.Carl Marhold, Bln.-Charlottenburg 1956, Fachbuch

Reinders, H. — Heizung, Lüftung, Klimatisierung. VDI-Ztschr. 98, 1857 (1956)

Schack, A. — Wissenschaftliche Wärmetechnik. Arch. Eisenhüttenwes. 1, 647 (1928)

Schimmer, C. — Elektrische Strahlungsheizung für eine sehr große Werkhalle. CEG-Berichte 2, 137 (1956)

Schimmer, C.	Eine 4200-KW Deckenheizung in einer Fabrikhalle. Elektrowärme 15, 40 (1957)
Schimmer, C.	Aluminium für Strahlungsheizungen. Aluminium 32, 783 (1956)
Schulz, W.	Ausblick und Rückschau auf Elektro-Raumheizung. Elektrowärme-Techn. 6, 176 (1955)
Schüle, W. und O. Preisendanz	Heiztechnische und raumklimatische Untersuchungen in Wohnungen mit Mehrraumheizung. Heizung-Lüftung-Haustechn. 6, 85 (1955)
Schulze, R.	Das Wesen der Infrarotstrahlen und ihre Anwendung in der Raumheizung. Nachrichtenblatt für Technik und Wirtschaft im Hausbrand 16, 49 (1955)
Schunk, E.	Elektrische Kirchenheizung. Elektrotechnik 39 (1957) Nr.3
Schweer, Karl	Der Infrarot-Durchlaufofen als Mittel zur Leistungssteigerung. Siemens-Ztschr. H.3/4 (1954) S. 162-167
Sennhauser, W.	Neuere Methoden auf dem Gebiet der Heizungstechnik. Schweiz.Techn.Ztschr. (1953) S. 735-742 und S. 751-755
Simon, L.	Erfahrungen mit Hochstromwiderstandsheizungen. Elektrowärme-Techn. 5, 166 (1954)
Smith, A.D.	Einfluß der Oberflächenbeschaffenheit auf die Bauart elektrischer Heizgeräte. Electr.Engng. 74, 1054 (1955)
Sprenger, E.	Taschenbuch für Heizung und Lüftung. München 1953
Stegmann, F.	Wärmebedarf der Strahlungs- und Radiatorenheizung. San.-Techn. 19, 197 (1954)
Stetza, G.	Versuche mit einem strahlungsgeheizten Straßenbahnwagen. Elektrische Bahnen 26, 17 (1955)
Sulzer, Gebr.,A.G.	Die Hochtemperatur-Strahlungsheizung. Schweiz.Bauztg. 74 Nr.14 (1956) S. 208-210
Tischler	Unsichtbare Zentralheizung. Bau.Rundschau 41, 391 (1951)
Undt, W.	Zum Problem der optimalen Raumtemperatur. Gas, Wasser, Wärme 11, 62 (1957)

VDI	VDI Wärmeatlas. VDI-Verlag Düsseldorf 1954
Vogt und Felber	Le cuisson du pain par HF et infrarouge. 3. Internationaler Elektro-Wärme-Kongress, Sektion 4, Bericht 411
Volz, G.	Infrarotstrahlen und elektrische Infrarotheizung. Wärme-Lüftungs- u. Gesundh.-Techn. 9 Nr.2 (1957) S. 36-40 und 45
Wagner, Ph.	Elektrische Infrarotheizung. AEG-Mitt. 46 H.11/12 (1956) S. 368-373
Walter, Arno	Zur Praxis der Infrarotheizung. Elektro-Techn. 38 Jahrg. (1956) Nr.52/54
Walther, F.	Zentralheizung mit elektrischer Zusatzheizung. Heizung-Lüftungs-Haustechn. 6, 94 (1955)
Weber, A.P.	Entwicklung und gegenwärtiger Stand der Heiz- und Lüftungstechnik in der Schweiz. Gesundheits-Ing. 75, 346, 376 (1954)
Wendel, J.	Betriebserfahrungen mit verschiedenen Deckenheizungsanlagen im Winter 1953/54. Heizung-Lüftung-Haustechn. 6, 143 (1955)
Westbrook, F.A.	Increased paper production and better quality through infrared heating. Paper Ind.Chicago 34 (1952) 6, S. 741-743
Williams, A.E.	Infrared heating. 1947
Zappe, A.	Großraumheizung durch Infrarotstrahlung. Gas, Wasser, Wärme Bd.8 (1954) S. 255-258
Zimmermann, W.	Infrarotstrahlungsheizung in offenen überdachten Hallen. Schweiz.Bl.f.Heizg.u.Lüftg. 23, Nr.1 (1956) S. 1-15
Zulehner, J.	Raumheizungen und Nachtspeicheröfen. Elektrowärme-Techn. 6, 78 (1955)

XII. Biologie und Medizin

Assmann, Dietmar — Die Wetterfühligkeit des Menschen. VEB Gustav Fischer Verlag Jena 1955

Bayerl, A.S. — Der therapeutische Zirkonium-Lichtbogen. Lichttechnik 5, 37 (1953)

Bierman, M. — Emetteurs infrarouges pour l'élévage d'animaux. 3. Internationaler Elektrowärme-Kongress, Sektion 4, Bericht 409

Busnel, R.G. — Application du chauffage par infrarouge à la déstruction des parasites dans divers produits agricoles. 3. Internationaler Elektrowärme-Kongress, Mai 1953, Bericht 427

Déribéré, M. — Die Wirkung der Infrarotstrahlen auf den menschlichen Körper. ETZ - B 8.Jahrg. (1956) H.6

Déribéré, M. — Les irradiations du corps humain par les rayons infrarouges. Votre Electricité Nr.4 (1955) S. 22

Déribéré, M. — Comportement du caméléon dans les rayons invisibles. Comptes-rendus de l'Académie des Sciences Bd.243, (1956) Nr.14, S. 974-976

Giersberg, H. — Über biologische Wirkung optischer Strahlen. Archiv f.physik.Therapie 5, 71 (1953)

Hattenhauer, H. — Kückenaufzuchtversuch mit Infrarot-Strahlern. Tierzucht 8, 56 (1954)

Henschke, U. — Biologische und physikalische Grundlagen der Rot- und Ultrarotstrahlentherapie. Strahlentherapie H.66 (1939) S. 646-661

Herter, K. — Der Temperatursinn der Säugetiere. Fachbuch, Akadem. Verlagsges. Geest & Portig K.G., 1952, 171 S.

Hiller, Wilfried — Der Einfluss von Strahlungsquellen auf die Keimung einiger im Zierpflanzenbau kultivierter Lichtkeimer. Archiv f.Gartenbau 1, 428 (1953)

Hofmann, G. — Untersuchungen über die Gewebedurchlässigkeit für rote und infrarote Strahlen. Strahlentherapie H.65 (1939) S. 477-498

Juge, R. — Les applications rurales du rayonnement infrarouge. La Genie Rurale, November 1950, S. 367-369

Kind, W. — Elektrowärme und Landwirtschaft. Elektrowärme-Techn. 4, 67 (1953)

Moschkow, B.S. und W.G. Karmanow — Bedeutung der Lufttemperatur in der Pflanzenzucht bei elektrischer Beleuchtung. Agrobiologie H.4 (1952) S. 76-82

Klein, E.; E.O. Seitz; Meyer; A.E. Herbert — Ergebnisse und Fortschritte auf dem Gebiet der Anwendung der ultravioletten und infraroten Strahlung in der Medizin. Leitfaden für Mediziner, Verlag Theodor Steinkopff Dresden/Leipzig 1955, Sonderausgabe aus "Ergebnisse der physikalisch-diätetischen Therapie"

Kollmar, A. — Das Behaglichkeitsfeld im beheizten Raum. Gesundheits-Ing. 76, 101 (1955)

Lehmann-Carpzov, B. — Holzzerstörer Hausschwamm. Orion 6, 844 (1951)

Liese, W. — Physiologische und hygienische Gesichtspunkte bei der Heizung von Fabrikationsräumen. Heizung-Lüftungs-Haustechn. 7, 109 (1956)

Lippross, O. — Die Anwendung physikalisch-therapeutischer Behandlungsverfahren im Blickfeld der Gewebsthermometrie. Ergebnisse der physikalisch-diätetischen Therapie Bd.4 (1941) bei Theodor Steinkopff Dresden/Leipzig, S. 294-329

Manders, Th.J.J.A. — Der "Infraphil" als Apparat für Therapie mit infraroten Strahlen. Philips Techn. Rundschau H.8 (1946) S. 117

Mehner, A. — Versuch über die Wirkung von Hell- und Dunkelstrahlern bei der Kückenaufzucht. Deutsche Wirtschaftsgeflügelzucht 5.Jahrg. (1952) H.5

Müller, E.A. — Physiologische Grundlagen des Raumklimas. Elektrowärme-Techn. 5, 182 (1954)

Nückel, H. — Wärmebestrahlung, Grundlagen der Therapie mit Infrarotstrahlen (1. und 2. Teil). Subsidia Medica, Jahrg.3 (1951) H.3, S. 94-109 und H.4, S. 135-158

Röttgen, P. — Der Bandscheibenschaden der Wirbelsäule. Die Umschau in Wiss.u.Techn. 54, 7 (1954)

Rump, W. — Elektromedizin und Strahlenkunde (Bd.30 der Sonderbände zur Strahlentherapie). Verlag Urban & Schwarzenberg, München/Berlin 1954, 199 S., 54 Abb.

Schliephake, E. und R. Smets	Physikalische Therapie, Balneologie, Lichttherapie. Münch.med.Wschr. 96, 1103 (1954)
Scholtz, H.-G.	Physikalisch-Diätetische Therapie nach klinischen Gesichtspunkten. Verlag Georg Thieme Leipzig 1951, 3.Aufl., 358 S.
Schreiber, H. und E. Spode	Untersuchungen über die Strahlenreaktion des Blutes. Der Einfluss ultraroter Strahlenenergie. Strahlentherapie 93, 440 (1954)
Schulze, R.	Biologische Wirkung von Licht und Strahlen. Lichttechnik 6, 250 (1954)
Schwamm, E.	Ultrarotstrahlung und Krebsgeschehen. Erfahrungsheilkunde Bd.III, (1954) H.7, S. 3
Schwamm, E. und E. Hartmann	Zur Frage eines ortsgebundenen cancerogenen Faktors. Erfahrungsheilkunde Bd.IV (1955) H.2
Schwamm, E. und Reeh, Joh.Joost	Die Ultrarotstrahlung des Menschen und seine Molekülspektroskopie. Erfahrungsheilkunde Bd.IIIm (1954) H.4, S. 1
Schwamm, E. und Reeh, Joh. Joost	Das Herdgeschehen im Ultrarotfeld. Erfahrungsheilkunde Bd.III (1954) H.8
Sellke, K.	Über die Eignung der Infrarotstrahlung zur Bekämpfung von Vorratsschädlingen. Nachrichtenblatt für den deutschen Pflanzenschutzdienst, Neue Folge, 5, 70 (1951)
Veen, R. van der	Der Einfluss von Licht auf Pflanzen. Philips Techn.Rundschau 11, 47 (1949)
Weigel, R.S.	Künstliche Sonne im Gartenbau. Technik für Bauern und Gärtner H.1 (1949) S. 10-12
Wezler, K.	Der Mensch in Hitze und Kälte. Sonderheft "Kältetechnik im Dienst der Medizin" S. 2-11 der Kältetechnik 6 (1954)

XIII. Allgemeines über Wärmeanwendung der Infrarot-Strahlung

Beckett, J.C. und C.E. Clifton	Die Hitze als Mittel zur Luftreinigung. Trans.Amer.Inst.electr.Eng. Part: Commun.& Electronics 75, 373 (1956)
Borchert und Jubitz	Infrarottechnik. Verlag Technik, Berlin 1954, 2. erweiterte Auflage
Gautheret, R.	Une installation de vernissage à rayons infrarouges. Révue Electricité, April 1946
Gerlach, F. und W. Werner	Elektrowärme in Haushalt und Landwirtschaft. Elektrowärme-Techn. 5, 136 (1954)
Grauvin, P.	Une application du rayonnement infrarouge, l'encollage des fils de chaine. Electricité Nr.176 (1951) S. 233-236
Haznadaroff, B.	Avantages spécifiques de l'utilisation d'émetteurs électriques de rayonnement infrarouge court. 3. Elektrowärme-Kongress, Mai 1953, Sektion 4, Bericht 416
Keylwerth, R.	Infrarotstrahler in der Holzindustrie. Holz als Roh- und Werkstoff 9, 224 (1951)
Kunz, C.	Elektrische Erwärmung von Beton. Schweizer Bauzeitung H.10 (1934) S. 70
Landfermann, C.A.	Verfahrenstechnische Anwendung der Strahlungserwärmung. Chemie-Ingenieur-Technik 22, 5 (1950)
Larnaudie, J.M.	Le rayonnement infrarouge. Ses utilisations industrielles. Le Technique moderne, Nr.11 und 12, Dezember 1955, S. 462 und 506-514
La Toison, M.	Les applications thermiques des lampes à incandescence. Bulletin de la Société francaise des Électriciens, Serie 7, Bd.2, Nr.20 (1952) S. 438-442
Lauster, F.	Kombinationsverfahren der Elektrowärmetechnik. ETZ - B 8, 81 (1956)
Lecomte, J.	L'infrarouge et ses applications. Bulletin de la Société francaise des Électriciens, Juli 1942, S. 275-292

Lelong, P. und J. Herenguel	Le faiencage des surfaces en alliage d'aluminium traitées par oxydations anodiques brillantes et soumises à des échauffements. Révue d'Aluminium Nr.236 (1956) S. 923-930
Maisonneuve, J.	Applications industrielles des lampes à rayonnement infrarouge. Informations Mazda, 1948
Meyer, V.	Zur Frage der Infrarotstrahlung. Fischindustrie-Wissenschaft Nr.7, Mai 1950
Peotrawske, W.	Infrarotanlagen in Konstruktion und Aufbau. Ind.-Anzeiger H.27 (1957) S. 373-376 und H.29 (1957) S. 408-410
Schnell, P.	Verhütung von Bränden bei der Infrarotbestrahlung zur Tieraufzucht. ETZ - A (1954) H.22, S. 768
Schuster, Fr.	Beispiele moderner Gaswärmeanwendungen. Energie, Ztschr.f.prakt.Energietechn., Folge 2, 9.Jahrg., Februar 1957, S.47
Trombe und Foex	Techniques d'utilisations d'un rayonnement à haute concentration énergétique. Berichtsband des 3. internationalen Elektrowärme-Kongresses 1953, Bericht 610
Walther	Taschenbuch für Wärmeingenieure. Düsseldorf 1956
Weigel, R.	Grundzüge der Lichttechnik. Verlag Girardet, Essen 1952

XIV. Hochfrequenz und Infrarot

Hönisch, W. — Hochfrequenz-Infrarot-Backen.
Energie und Technik H.8 (1954) S. 172-175

XV. Sichtbares Gebiet und Millimeterwellen

Gordy, W. — Microwave Spectroscopy.
Handb.Phys.XXVIII, Spektroskopie II, S. 1
Berlin, Göttingen, Heidelberg 1957

Klinger, H.H. — Molekül-Spektroskopie mit Mikrowellen.
Phys.Bl. H.5 (1949) S. 218-225

Koch, B. — Experimentelle Grundlagen der Spektroskopie des Zentimeter- und Millimetergebietes.
Erg.exakt.Nat. 24, 222 (1951)

Maier, W. — Die Mikrowellenspektren molekularer Gase und ihre Auswertung.
Erg.exakt.Nat. 24, 275 (1951)

Meier, R. — Untersuchungen im Gebiet der Zehntelmillimeterwellen.
Ann.Phys. 12, 26 (1953)

Vogel, M. — Das Spektralgebiet zwischen dem langwelligen Ultrarot und den Mikrowellen.
DVL, Bericht 29, Westdeutscher Verlag Köln und Opladen.

XVI. Spektroskopie: Lehrbücher

Barnes, R.B. R.C. Gore U. Liddel V.Z. Williams	Infrared spectroscopy, industrial applications and bibliography. New York 1944
Bellamy, L.J.	Ultrarot-Spektrum und chemische Konstitution. Darmstadt 1955
Brügel, W.	Einführung in die Ultrarotspektroskopie. Darmstadt 1957, 2.Auflage
Brügel, W.	Ultrarotspektroskopische Strukturbestimmungen. In R. Houwink "Chemie und Technologie der Kunststoffe", 3.Aufl., 1.Bd., Leipzig 1954
Herzberg, G.	Molecular Spectra and Molecular Structure. Bd.1: Spectra of Diatomic Molecules New York 1945 und 1950 Bd.2: Infrared and Raman Spectra of Polyatomic Molecules, New York 1945 und 1956
Hibben	The Raman Effect and its chemical applications. New York 1939
Lecomte, J.	Le spectre infrarouge. Bd.I Paris 1948; Bd.II Paris 1949
Maier, W. R. Mecke F. Kerkhof H. Rajenkamp H. Seidel	Schwingungen und Rotationen der Molekeln. Landolt-Börnstein 6.Aufl. I.Bd.2.Teil: Molekeln I, S. 39-569, Berlin-Göttingen-Heidelberg 1951. I.Bd.3.Teil: Molekeln II, S. 557-676, Berlin-Göttingen-Heidelberg 1951
Randall, H.M. R.G. Fowler N. Fuson J.R. Dangl	Infrared determination of organic structure. New York 1949

XVII. Fernes Infrarot: Einige neuere Arbeiten

Bohn, C.R. N.K. Freeman W.D. Gwinn J.L. Hollenberg K.S. Pitzer	A Spectrometer for the Far Infrared and the Spectrum of 1,2 Dichlorethane. Journ.Chem.Phys. 21, 719 (1953). Gitterspektrograph im Gebiet von 22 μ bis 77 μ und Untersuchung von organischen Substanzen
Gebbie, H.A. G.A. Vanasse	Interferometric Spectroscopy in the Far Infrared. Nature 25, 432 (1956). Gebiet zwischen 60 und 120 cm^{-1}
Genzel, L. W. Eckhardt	Spektraluntersuchung im ultraroten Spektrum um 1 mm Wellenlänge. Ztschr. angew.Phys. 139, 578 (1954)
Golay, M.J.E.	Comparison of Various Infrared Spectrometric Systems. Journ.Opt.Soc.Am. 46, 423 (1956)
Hatcher, R.D. J.H. Rohrbaugh	Theory of the Echelette Grating. Journ.Opt.Soc.Am. 46 104 (1956). Eine Formel für die Spektralintensitätsverteilung wird aus der Kirchhoffschen Formel für Echelettegitter hergeleitet
Hausler, R.L. R.A. Cetjen	The Infrared Spectra of HCL, DCL, Hbr, NH_3 in the Region from 40 to 140 Microns. Journ.Chem.Phys. 21, 1340 (1953). Reines Rotationsspektrum mit einem automatischen Gitterspektrographen
Hettner, G.	Die Emission eines Hochdruckplasmas im langwelligen Ultrarot als Röntgenbremsspektrum. Ztschr.angew.Phys. 6, 209 (1954)
Kenneth O'Loane	Some Absorption Bands in the Far Infrared. Journ.Chem.Phys. 21, 669 (1953). Normalschwingungen von organischen Substanzen im Gebiet von 120 cm^{-1} bis 265 cm^{-1}
Lecomte, J.	Das IR-Spektrum oberhalb 20 μ . 1.Mitteilung: Prismenspektrographen, Cah.Phys. 11, (1957) 1-11
Liang, C.Y. S. Krimm G.B.B.M.Sutherland	Infrared Spectra of High Polymers. I. Experimental Methods and General Theory II. Polyethylene III. Polytetrafluoroethylene and Polychlorotrifluoroethylene. Journ.Chem.Phys. 25, 543 (1956). Arbeit II S. 549 Arbeit III S. 563 Infrarotes Spektrum von Hochpolymeren im Gebiet von 30 bis 140 μ.

Lord, R.C. T.K. McCubbin jr.	Infrared Spectroscopy from 5 to 200 µ with a small Grating Spectrometer. Journ.Opt.Soc.Am. 47, 689 (1957). Hochauflösendes Spektrometer mit Gitter
Mann, D.E. J.H. Meal E.K. Plyler	Vibrational Spectrum of Tetrabromoethylene. Journ.Chem.Phys. 24, 1018 (1956). Infrarotspektrum von C_2Br_4 im Gebiet von 3 bis 100 µ.
McCubbin T.K. W.M. Sinton	A twelve-inch far infrared grating spectrometer. Journ.Opt.Soc.Am. 42, 113 (1952)
Nielsen, H.H.	Rotational Spectrum of PH_3. Journ.Chem.Phys. 22, 1383 (1954)
Palik, E.D. E.E. Bell	Pure Rotational Spectra of the Partially Deuterated Ammonias in the Far Infrared Spectral Region. Journ.Chem.Phys. 26, 1093 (1957). Rotationsspektrum von NH_2D und NHD_2 im Gebiet von 20 - 200 cm^{-1}.
Palik, E.D. K. Narahari Rao	Pure Rotations Spectra of CO, NO, N_2O between 100 and 600 µ . Journ.Chem.Phys. 25, 1174 (1956)
Palik, E.D. Naharari Rao, K.	Pure Rotational Absorption Spectra of the Methyl-Halides in the Spectral Region 100-600 µ Journ.Chem.Phys. 26, 1401 (1957). Rotationsabsorptionslinien von CH_3Cl, CH_3Br, CH_3J, CH_3F und CD_3F im Gebiet von 100 bis 600 µ.
Plyler, E.K. N. Aquista	Infrarotmessungen von 50 bis 125 µ . Journ.Res.Nat.Stand. 88 (1956) 149-53
Strong, J.	Interferometry for the Far Infrared. Journ.Opt.Soc.Am. 47, 354 (1957). Es handelt sich um ein Interferometer für Wellenlängen größer als 25 µ.
Stroup, R.E. R.A. Oetjen E.E. Bell	The Rotational Spectra of Regular and Deuterated Phosphine and Arsine in the Region between 50 and 200 k. Journ.Opt.Soc.Am. 43, 1096 (1953)

FORSCHUNGSBERICHTE DES WIRTSCHAFTS- UND VERKEHRSMINISTERIUMS NORDRHEIN-WESTFALEN

Herausgegeben von Staatssekretär Prof. Dr. h. c. Dr. E. h. Leo Brandt

PHYSIK

HEFT 10
Prof. Dr. W. Vogel, Köln
„Das Streifenpaar" als neues System zur mechanischen Vergrößerung kleiner Verschiebungen und seine technischen Anwendungsmöglichkeiten
1953, 20 Seiten, 6 Abb., DM 4,50

HEFT 62
Prof. Dr. W. Franz, Institut für theoretische Physik der Universität Münster
Berechnung des elektrischen Durchschlags durch feste und flüssige Isolatoren
1954, 36 Seiten, DM 7,—

HEFT 103
Prof. Dr. W. Weizel, Bonn
Durchführung von experimentellen Untersuchungen über den zeitlichen Ablauf von Funken in komprimierten Edelgasen sowie zu deren mathematischen Berechnung
1955, 32 Seiten, 12 Abb., DM 9,10

HEFT 104
Prof. Dr. W. Weizel, Bonn
Über den Einfluß der Elektroden auf die Eigenschaften von Cadmium-Sulfid-Widerstands-Photozellen
1955, 48 Seiten, 12 Abb., DM 9,45

HEFT 107
Prof. Dr. H. Lange und Dipl.-Phys. P. St. Pütter, Köln
Über die Konstruktion von Laboratoriumsmagneten
1955, 66 Seiten, 19 Abb., 1 Tabelle, DM 12,30

HEFT 122
Prof. Dr. W. Fuchs †, Aachen
Untersuchungen zur Verbesserung der Wasseraufbereitung und Wasseranalyse:
Über die Schnellbewertung von Ionenaustauschern
1955, 48 Seiten, 32 Abb., DM 12,30

HEFT 125
Prof. Dr. E. Kappler, Münster
Eine neue Methode zur Bestimmung von Kondensations-Koeffizienten von Wasser
1955, 46 Seiten, 11 Abb., 1 Tabelle, DM 9,10

HEFT 141
Dr. J. van Calker und Dr. R. Wienecke, Münster
Untersuchungen über den Einfluß dritter Analysenpartner auf die spektrochemische Analyse
1955, 42 Seiten, 15 Abb., DM 9,10

HEFT 145
Dr. G. Hennemann, Werdohl (Westf.)
Beitrag zur Interpretation der modernen Atomphysik
1955, 34 Seiten, DM 10,—

HEFT 148
Prof. Dr. H. Bittel und Dipl.-Phys. L. Storm, Münster
Untersuchungen über Widerstandsrauschen
1955, 40 Seiten, 5 Abb., DM 8,40

HEFT 157
Dr. W. Jawtusch, Dr. G. Schuster und Prof. Dr.-Ing. R. Jaeckel, Bonn
Untersuchungen über die Stoßvorgänge zwischen neutralen Atomen und Molekülen
1955, 48 Seiten, 15 Abb., 3 Tabellen, DM 10,50

HEFT 169
Forschungsinstitut für Pigmente und Lacke, Stuttgart
Arbeiten über die Bestimmung des Gebrauchswertes von Lackfilmen durch physikalische Prüfungen
1955, 70 Seiten, 23 Abb., 4 Tabellen, DM 15,—

HEFT 174
Prof. Dr. phil. C. v. Fragstein, Dr. J. Meingast und H. Hoch, Köln
Herstellung von Solen einheitlicher Teilchengröße und Ermittlung ihrer optischen Eigenschaften
1955, 78 Seiten, 80 Abb., 4 Tabellen, DM 18,25

HEFT 178
Prof. Dr. M. v. Stackelberg und Dr. W. Hans, Bonn
Untersuchungen zur Ausarbeitung und Verbesserung von polarographischen Analysenmethoden
1955, 46 Seiten, 14 Abb., DM 10,50

HEFT 187
Dipl.-Ing. F. Göttgens, Essen
Über die Eigenarten der Bimetall-, Thermo- und Flammenionisationssicherungsmethode in ihrer Anwendung auf Zündsicherungen
1955, 40 Seiten, 6 Abb., 4 Tabellen, DM 8,40

HEFT 189
Fa. E. Leybold's Nachfolger, Köln
I. Ausgewählte Kapitel aus der Vakuumtechnik
II. Zum Verlust anorganisch-nichtflüchtiger Substanzen während der Gefriertrocknung
1955, 52 Seiten, 16 Abb., 3 Tabellen, DM 11,20

HEFT 194
Dr. K. Hecht, Köln
Entwicklung neuartiger physikalischer Unterrichtsgeräte *1955, 42 Seiten, 16 Abb., DM 9,90*

HEFT 209
Dr. K. Bunge, Leverkusen
Materialabbau in Funkenentladungen. Untersuchungen an Zinkkathoden
1956, 54 Seiten, 10 Abb., 5 Tabellen, DM 11,40

HEFT 210
Dr. W. Porschen und Prof. Dr. W. Riezler, Bonn
Langlebige Alphaaktivitäten bei natürlichen Elementen
1955, 40 Seiten, 5 Abb., 4 Tabellen, DM 8,80

HEFT 233
Dr. H. Haase, Hamburg
Infrarot-Bibliographie *1956, 90 Seiten, DM 17,80*

HEFT 251
Prof. Dr. H. Bittel, Münster
Zur Statistik der ferromagnetischen Elementarvorgänge und ihren Einfluß auf das Barkhausenrauschen
1956, 52 Seiten, 14 Abb., DM 11,65

HEFT 259
Prof. Dr. W. Linke, Aachen
Strömungsvorgänge in künstlich belüfteten Räumen
1956, 52 Seiten, 37 Abb., 1 Tabelle, DM 11,80

HEFT 264
Prof. Dr. W. Weizel, Bonn
Durch schnelle Funkenzusammenbrüche ausgelöste Signale auf einer Leitung
1956, 26 Seiten, 4 Abb., 3 Tabellen, DM 6,10

HEFT 267
Prof. Dr. W. Weizel und B. Brandt, Bonn
Zur Stabilität stromstarker Glimmentladungen
1956, 36 Seiten, 7 Abb., DM 8,40

HEFT 299
Dr. J. Fassbender und W. Hoppe, Bonn
Eine photoelektrische Nachlaufeinrichtung für Analogie-Rechenmaschinen
1956, 20 Seiten, 8 Abb., DM 7,65

HEFT 326
Prof. Dr.-Ing. E. Essers, Dr.-Ing. J. Essers und Dipl.-Ing. J. Klein, Aachen
Deichselkräfte an Lastzügen
1957, 96 Seiten, 34 Abb., DM 22,10

HEFT 329
Dipl.-Ing. A. Krüger, Karlsruhe und Feuerwehr-Ing. R. Radusch, Dortmund
Wasserzerstäubung im Strahlrohr
1956, 78 Seiten, 21 Abb., 3 Tabellen, DM 18,65

HEFT 330
Dr.-Ing. E. Pepping, Aachen
Die Durchflußzahl des Rechteckschlitzes in einer sehr großen Wand
1957, 54 Seiten, 21 Abb., DM 12,35

HEFT 332
Prof. Dr.-Ing. R. Jaeckel und Dr. G. Reich, Bonn
Messung von Dampfdrucken im Gebiet unter 10^{-2} Torr
1956, 34 Seiten, 16 Abb., 2 Tabellen, DM 10,40

HEFT 334
Prof. Dr. W. Weizel und Dr. G. Meister, Bonn
Spektralanalyse durch Messung des Interferenz-Kontrastes
1956, 42 Seiten, 8 Abb., DM 9,30

HEFT 335
Prof. Dr. W. Weizel und H. Hornberg, Bonn
Untersuchungen der anodischen Teile einer Glimmentladung
1957, 50 Seiten, 19 Farbabb., 21 Abb., 1 Tab., DM 32,80

HEFT 341
Prof. Dr.-Ing. H. Winterhager und Dipl.-Ing. L. Werner, Aachen
Präzisions-Meßverfahren zur Bestimmung des elektrischen Leitvermögens geschmolzener Salze
1956, 44 Seiten, 19 Abb., 1 Tabelle, DM 10,60

HEFT 344
Prof. Dr.-Ing. W. Fucks, Aachen
Zur Deutung einfachster mathematischer Sprachcharakteristiken
1956, 38 Seiten, 12 Abb., DM 7,80

HEFT 356
Dipl.-Phys. G. Gurke, Aachen
Aufbau einer Meßanlage für Untersuchungen elektrischer Gasentladung im Bereiche großer p. d.-Werte
1956, 38 Seiten, 13 Abb., 1 Tabelle, DM 8,65

HEFT 357
Prof. Dr.-Ing. W. Fucks, Aachen
Mathematische Analyse der Formalstruktur von Musik
1958, 54 Seiten, 29 Abb., 16 Tabellen, DM 13,60

HEFT 361
Dipl.-Ing. H. F. Klein, Aachen
Die nichtstationären Strömungsvorgänge und der Wärmeübergang in einem Schwingfeuergerät
1957, 84 Seiten, 34 Abb., 4 Falttafeln, DM 25,90

HEFT 368
Prof. Dr. phil. H. Kaiser, Dortmund
Entwicklung betriebsmäßiger spektrochemischer Analysenverfahren für technische Gläser
1957, 40 Seiten, 11 Abb., DM 9,10

HEFT 369
Dipl-Phys. F. J. Schittko, Bonn
Gasabgabe von Werkstoffen ins Vakuum
1957, 48 Seiten, 20 Abb., 6 Tabellen, DM 13,30

HEFT 375
Technischer Überwachungsverein e. V., Essen
Wanddickenmessungen mittels radioaktiver Strahlen und Zählrohrgerät
1958, 38 Seiten, 15 Abb., DM 9,55

HEFT 380
Dipl.-Phys. R. Trappenberg, Karlsruhe
Theoretische und experimentelle Untersuchungen zur Staubverteilung einer Rauchfahne
1957, 64 Seiten, 7 Abb., 18 Tabellen, DM 14,90

HEFT 386
Prof. Dr.-Ing. H. Opitz und Dipl.-Ing. O. Hake, Aachen
Standzeituntersuchungen und Verschleißmessungen mit radioaktiven Isotopen
1958, 36 Seiten, 33 Abb., 3 Tabellen, DM 12,75

HEFT 404
Prof. Dr. R. Jaeckel und Dipl.-Phys. F. Gross, Bonn
Die Löslichkeit von Gasen in schwerflüchtigen organischen Flüssigkeiten
1957, 46 Seiten, 17 Abb., 1 Tabelle, DM 11,50

HEFT 415
Prof. Dr.-Ing. W. Paul, Dr. rer. nat. O. Osberghaus und Dipl.-Phys. E. Fischer, Bonn
Ein Ionenkäfig
1958, 42 Seiten, 18 Abb., 2 Tabellen, DM 13,65

HEFT 419
Dipl.-Ing. K. Brocks, Mülheim Ruhr
Die Messungen der Reflexionseigenschaften künstlicher und natürlicher Materialien mit quasi-optischen Methoden bei Mikrowellen
1957, 78 Seiten, 52 Abb., DM 20,35

HEFT 420
Dipl.-Ing. M. Vogel, Oberpaffenhofen
Das Spektralgebiet zwischen dem langwelligen Ultrarot und Mikrowellen
1957, 56 Seiten, 2 Abb., DM 13,50

HEFT 432
Dipl.-Phys. Dr. R. Werz, Bonn
Die Entwicklung einer Synchrozyklotron-Ionenquelle
1958, 122 Seiten, 90 Abb., 1 Tabelle, DM 30,30

HEFT 439
Prof. Dr. phil. H. Lange, Köln und Dr. rer. nat. R. Kohlhaas, Neuß/Rh.
Anwendung der thermomagnetischen Analyse zum Studium des Umwandlungsverhaltens von Eisenwerkstoffen im Temperaturbereich von —150°C bis +1500°C
1958, 96 Seiten, 72 Abb., 2 Tabellen, DM 27,10

HEFT 443
Prof. Dr. phil. W. Weizel und K. Kluth, Bonn
Über die Struktur der positiven Gleitentladungen
1957, 44 Seiten, 30 Abb., DM 12,20

HEFT 450
Prof. Dr.-Ing. W. Paul, Bonn und Dipl.-Phys. H. P. Reinhard, M.-Gladbach
Das elektrische Massenfilter als Isotopentrenner
1958, 56 Seiten, 20 Abb., DM 13,50

HEFT 459
Prof. Dr. phil. F. Wever, Dr. phil. O. Krisement und H. Schädler, Düsseldorf
Ein isothermes Mikrokalorimeter zur kinetischen Messung von Umwandlungs- und Ausscheidungsvorgängen in Legierungen
1957, 32 Seiten, 14 Abb., DM 10,75

HEFT 460
Prof. Dr. phil. F. Wever und Dr. rer. nat. B. Ilschner, Düsseldorf
Ein isothermes Lösungskalorimeter zur Bestimmung thermo-dynamischer Zustandsgrößen von Legierungen
1957, 32 Seiten, 7 Abb., 4 Tabellen, DM 10,40

HEFT 502
Prof. Dr. M. Diem und Dr. R. Trappenberg, Karlsruhe
Berechnung der Ausbreitung von Staub und Gas
1957, 18 Seiten Text und 67 z. T. großformatige zweifarbige Diagramme, DM 37,30

HEFT 504
Prof. Dr. phil. F. Wever, Dr. phil. W. Wink und Dr. rer. nat. W. Jellinghaus, Düsseldorf
Versuchsanordnung zur Messung der Suszeptibilität paramagnetischer Stoffe und Meßergebnisse an Nickel-Chrom- und Kobalt-Nickel-Chrom-Werkstoffen
1958, 38 Seiten, 10 Abb., 2 Tabellen, DM 9,95

HEFT 507
Prof. Dr. H. Kaiser, Dortmund, Dr. G. Bergmann, Dortmund und Priv.-Doz. Dr. G. Kresze, Berlin
Kartei zur Dokumentation in der Molekülspektroskopie
1958, 34 Seiten, 3 Abb., 6 Tabellen, DM 11,90

HEFT 510
Prof. Dr. rer. nat. W. Groth, Dr.-Ing. K. Bayerle, Dr. rer. nat. H. Ihle, Dr. rer. nat. A. Murrenhoff, E. Nann und Dr. rer. nat. K. H. Welge, Bonn
Anreicherung der Uranisotope nach dem Gaszentrifugenverfahren
1958, 76 Seiten, 43 Abb., DM 21,20

HEFT 516
Prof. Dr.-Ing. H. Müller, Dipl.-Ing. F. Reinke und Dipl.-Ing. W. Sorgenicht, Essen
Gesamtstrahlungsmessungen der Temperaturstrahlung
1958, 82 Seiten, 18 Abb., DM 22,80

HEFT 519
Prof. Dr. phil. F. Wever, Dr. phil. W. Koch und Dr. phil. S. Eckhard, Düsseldorf
Die spektrographische Bestimmung der Spurenelemente in Stahl ohne vorherige Abbrennung
1958, 36 Seiten, 22 Abb., DM 12,60

HEFT 527
Dr. rer. nat. K. G. Müller, Hanau/W.
Wärmeübertragung auf eine Flugstaubströmung im senkrechten Rohr sowie auf eine durchströmte Schüttgutschicht
1958, 74 Seiten, 34 Abb., 7 Tabellen, DM 20,70

HEFT 537
Dr.-Ing. N. Gössl, Frankfurt/M.
Probleme der Zugförderung im Zusammenhang mit der Ausnutzung der Atom-Energie
1958, 116 Seiten, 28 Abb., 12 Tabellen, DM 29,90

HEFT 548
Prof. Dr.-Ing. K. Leist und J. Weber, Aachen
Spannungsoptische Untersuchungen von Turbinenscheiben mit angefrästen und eingesetzten Schaufeln
in Vorbereitung

HEFT 549
Dr.-Ing. R. Merten, Duisburg
Resonanzanpassung bei einem Tiefpaß
1958, 22 Seiten, 16 Abb., DM 9,—

HEFT 550
Dr. H. Stephan, Bonn
Elektrisches Standhöhenmeßgerät für Flüssigkeiten
1958, 26 Seiten, 13 Abb., 2 Tabellen, DM 10,10

HEFT 551
Prof. Dr. phil. W. Weizel und Dipl.-Phys. B. Brandt, Bonn
Betriebsbedingungen einer stromstarken Glimmentladung
1958, 68 Seiten, 18 Abb., DM 16,—

HEFT 567
Dr. rer. nat. K. Sauerwein, Düsseldorf
Anwendungen radioaktiver Isotope in der Technik
in Vorbereitung

HEFT 583
Prof. Dr. phil. F. Kirchner, Dipl.-Phys. H. Baron und Dipl.-Phys. H. Kirchner, Köln
Verwendbarkeit von Zählrohren zu massenspektrometrischen Untersuchungen
1958, 12 Seiten, 5 Abb., DM 6,70

HEFT 590
Übergabe des Synchro-Zyklotrons an das Institut für Strahlen- und Kernphysik der Universität Bonn am 8. Mai 1957
1958, 52 Seiten, 16 Abb., DM 16,50

HEFT 594
Prof. Dr. A. Nikuradse, München
Energieabsorption von Atomkernstrahlen in organischen Stoffen und durch sie hervorgerufene Reaktionsprozesse
in Vorbereitung

HEFT 595
Prof. Dr. A. Nikuradse und Dipl.-Phys. K. Kugler, München
Einfluß der molekularen bzw. atomaren Beschaffenheit der Festwandoberflächenschicht auf die Wechselwirkung zwischen auftreffenden Gasmolekülen und der Wand
1958, 16 Seiten, 9 Abb., DM 8,40

HEFT 608
Prof. Dr. habil. W. Linke und Dipl.-Ing. W. Hufschmidt, Aachen
Wärmeübergang bei pulsierender Strömung

HEFT 615
Prof. Dr. W. Weizel und D. H. Whang, Bonn
Stromverteilung auf der Kathode einer Glimmentladung in Spalten bei hohen Drucken und abseits stehender Anode
in Vorbereitung

HEFT 616
Prof. Dr. W. Weizel und Dr. W. Ohlendorf, Bonn
Die Glimmentladung in spaltartigen Entladungsräumen
in Vorbereitung

HEFT 622
Prof. Dr. W. Franz, Münster
Theorie der Elektronenbeweglichkeit in Halbleitern
in Vorbereitung

HEFT 642
Prof. Dr.-Ing. H. Müller und Dr.-Ing. H.-J. Eckhardt, Elektrowärme-Institut, Essen und Langenberg
Die dielektrische Trocknung bei erniedrigtem Luftdruck mit Beiträgen zum physikalischen Verhalten der Mischkörper
in Vorbereitung

HEFT 652
Dr. phil. nat. H. Haase, Hamburg
Infrarot - Bibliographie II

HEFT 653
Prof. Dr. K. Hamann und Dr. W. Funke, Stuttgart
Die Schutzwirkung organischer Inhibitoren in wäßriger Lösung gegenüber Eisen
in Vorbereitung

HEFT 656
Prof. E. Jenckel, Aachen
Das Verkleben von Aluminium mit carboxylsubstituierten Polystyrolen
in Vorbereitung

HEFT 657
Prof. Dr. W. Weizel, Bonn
Glimmentladungen an festen nichtmetallischen Elektroden

HEFT 662
Prof. Dr. phil. H. Lange, Dr. rer. nat. R. Kohlhaas, Köln
Über die Konstruktion von Laboratoriumsmagneten 2. Teil: Technische Ausführung verschiedener Magnettypen
in Vorbereitung

HEFT 683
Prof. Dr.-Ing. R. Jaeckel, Dr. rer. nat. H. H. Kutscher, Bonn
Das Verhalten von Überschallströmungen bei Drucken unter 1 Torr
in Vorbereitung

HEFT 684
Prof. Dr. sc. techn. F. Schultz-Grunow, Dr.-Ing. Hansgeorg Hein, Aachen
Beiträge zur Grenzschichtströmung
in Vorbereitung

HEFT 687
Prof. Dr. E. Kappler, Münster
Elastisches Verhalten metallischer Werkstoffe im Bereich der plastischen Verformung beim Zugversuch und beim Brinell'schen Kugeldruckversuch
in Vorbereitung

Wir liefern Ihnen gern auf Anfrage die Verzeichnisse anderer Sachgebiete.

GPSR Compliance

The European Union's (EU) General Product Safety Regulation (GPSR) is a set of rules that requires consumer products to be safe and our obligations to ensure this.

If you have any concerns about our products, you can contact us on ProductSafety@springernature.com

In case Publisher is established outside the EU, the EU authorized representative is:

Springer Nature Customer Service Center GmbH
Europaplatz 3
69115 Heidelberg, Germany

Batch number: 10585057

Printed by Printforce, the Netherlands